① 単項式と多項式

1 次の式が単項式か，多項式か答えなさい。（5点×4）

(1) $4a$

(2) $3x+5y$

(3) -2

(4) $a^2+3ab-1$

2 次の多項式の項を書きなさい。（5点×4）

(1) $x+2y$

(2) $3a+b-4c$

(3) $-\dfrac{1}{3}m+mn^2$

(4) $x^2-5xy+y^2$

3 次の単項式の次数を書きなさい。（5点×6）

(1) $6a$

(2) $4xy$

(3) $-m$

(4) $3n^2$

(5) $2a^2b$

(6) $\dfrac{1}{5}x^3y^2$

4 次の式は何次式ですか。（5点×6）

(1) $7x-y$

(2) $-3ab$

(3) $-5a^2+2a+3$

(4) $\dfrac{1}{4}y^3$

(5) x^2y+4xy^3

(6) $-mn+\dfrac{n^2}{2}$

2 同類項

1 次の式の同類項をいいなさい。（5点×2）

(1) $2a - 3b - 4a + 8b$

(2) $x^2 - 2x + 3 + 5x + 4x^2$

2 次の式の同類項をまとめなさい。（9点×4）

(1) $-2a + 4b - 6b + 8a$

(2) $3x - 2y - 6x + 5y$

(3) $5x^2 + 9x - 4x - 6x^2$

(4) $-ab - 5a - ab + 5a$

3 次の式を簡単にしなさい。（9点×6）

(1) $8a - 2ab + 7ab - 3a - 6ab$

(2) $3x^2 - 5x - 9 + 2x - x^2$

(3) $0.4x - 1.2xy - 2.3xy + 0.6x$

(4) $2x^2 - 2.6x - 4.2x^2 + 5.2x$

(5) $\dfrac{1}{2}x^2 - \dfrac{2}{3}x + \dfrac{1}{4}x^2 + \dfrac{1}{2}x$

(6) $\dfrac{2}{3}a + \dfrac{1}{6}a^2 - \dfrac{3}{4}a - a^2$

月　　日

多項式の加法・減法

合格点 **80** 点
得点

点

解答 ➡ P.61

1 次の計算をしなさい。(6点×6)

(1) $4x+(5x-y)$

(2) $2m-7n-(8m-4n)$

(3) $(3a+9b)+(4b-a)$

(4) $(8x-5y)-(x-3y)$

(5) $(a^2+5a-2)+(2a^2-6a-4)$

(6) $(7x^2-9x)-(x^2-6+2x)$

2 次の2つの式をたしなさい。また，左の式から右の式をひきなさい。

(8点×4)

(1) $9a-b$,　$5a+4b$

(2) x^2-7x+3,　$6x-2x^2-8$

3 次の計算をしなさい。(8点×4)

(1) 　　　$-3x+9y$
　　$+)\ \ 6x-9y$

(2) 　　　　$8a-\ b$
　　$-)\ \ \ a-4b$

符号に気を
つけよう。

(3) 　　　　$x-2y+5$
　　$+)-3x+\ y-2$

(4) 　　　$4a-6b-2$
　　$-)\ 5a+\ b-8$

—3—

4 多項式と数の乗法・除法

1 次の計算をしなさい。(8点 × 6)

(1) $6(x+4y)$

(2) $-5(4a-8b)$

(3) $3(2x-5y-4)$

(4) $8\left(\dfrac{a}{4}-\dfrac{3b}{2}\right)$

(5) $-\dfrac{1}{4}(10x-8y)$

(6) $(-6a-4b+12)\times\left(-\dfrac{1}{2}\right)$

2 次の計算をしなさい。((1)〜(4)8点 × 4,(5)・(6)10点 × 2)

(1) $(10x-15y)\div5$

(2) $(-3a+9b)\div(-3)$

(3) $(4a^2-16a-8)\div4$

(4) $(12x^2-6x+30)\div(-6)$

(5) $(-6x+8y)\div\dfrac{2}{3}$

(6) $(5x^2+10x-25)\div\left(-\dfrac{5}{4}\right)$

1 次の計算をしなさい。(7点×4)

(1) $2(x+3y)+3(x-6y)$

(2) $4(2a-3b)+7(-a+4b)$

(3) $5(2x-y+1)-3(3x+4y-2)$

(4) $3(x^2-5x-3)-2(x^2+8x-7)$

2 次の計算をしなさい。(12点×6)

(1) $\dfrac{1}{5}(2a-3b)+\dfrac{1}{3}(3a+2b-6)$

(2) $\dfrac{4x+y}{3}-\dfrac{x-3y}{2}$

(3) $\dfrac{7a-3b}{4}+\dfrac{a+5b}{2}$

(4) $\dfrac{5a+2b}{3}-\dfrac{-3a+6b}{4}$

(5) $2x-y-\dfrac{x-4y}{5}$

(6) $\dfrac{2x-2y}{3}+\dfrac{-x+y}{6}$

6 単項式の乗法・除法 ①

1 次の計算をしなさい。（6点×6）

(1) $3x \times 5y$

(2) $6a \times (-2b)$

(3) $(-8xy) \times 4z$

(4) $(-7a) \times (-9bc)$

(5) $\dfrac{1}{5}x \times (-20y)$

(6) $30a \times \left(-\dfrac{5}{6}b\right)$

2 次の計算をしなさい。（8点×8）

(1) $7a \times 8a^2$

(2) $3x^3 \times (-2x)$

(3) $xy^2 \times 9x^2y^2$

(4) $(-4a^2b) \times (-6ab)$

(5) $(-2a)^3$

(6) $(-8m)^2$

(7) $6x \times (-x)^3$

(8) $7a \times (-2b)^2$

単項式の乗法・除法 ②

1 次の計算をしなさい。（8点 × 6）

(1) $21x \div 7x$

(2) $(-20ab) \div 5b$

(3) $12x^2 \div (-2x)$

(4) $(-18ab^2) \div (-6ab)$

(5) $(-14b^2c) \div (-8b)$

(6) $27x^2y \div (-18xy)$

2 次の計算をしなさい。（(1)〜(4)8点 × 4，(5)・(6)10点 × 2）

(1) $3ab \div \dfrac{3}{5}a$

(2) $(-6xy) \div \dfrac{1}{2}y$

(3) $\dfrac{1}{24}xy \div \left(-\dfrac{5}{8}y\right)$

(4) $(-16mn) \div \left(-\dfrac{8}{9}mn^2\right)$

(5) $(-2a^2b) \div \dfrac{3}{4}ab$

(6) $\left(-\dfrac{4}{7}xy^2\right) \div \left(-\dfrac{8}{21}x^2y\right)$

8 単項式の乗法・除法 ③

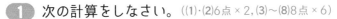

1 次の計算をしなさい。((1)・(2)6点 × 2, (3)〜(8)8点 × 6)

(1) $x^2 \div 2x \times 8x$

(2) $(-12a) \times a^2 \div 4a$

(3) $6x^2 \times (-3x) \div 9x$

(4) $3xy \times 4y \div 2x$

(5) $8ab^2 \div 2a^2b \times (-3a)$

(6) $4x^3 \div (-3x^2y) \times (-6y)$

(7) $6a \div 3b \times \dfrac{1}{3}ab$

(8) $12x^2 \div (-4xy^2) \times (-2xy)$

2 次の計算をしなさい。(10点 × 4)

(1) $(-4x)^2 \times 5y \div (-8xy)$

(2) $(-2a)^2 \div (-4a^2b) \times 6ab^2$

(3) $(-3a)^3 \times (-2a^2) \div (-2a)^2$

(4) $36x^3 \div (-5x) \div (-3x)^2$

9 式 の 値

月　　日

合格点 **80** 点

得 点

点

解答 ➡ P.63

1 $x=-2$, $y=3$ のとき，次の式の値を求めなさい。(10点×4)

(1) $3x-2y$

(2) $4(x-2y)+2(-3x+6y)$

(3) $\dfrac{3x-4y}{3}-\dfrac{x-5y}{2}$

(4) $24xy^2\div(-8y)\times 3x$

先に式を簡
単にしよう。

2 $a=\dfrac{1}{3}$, $b=-\dfrac{1}{2}$ のとき，次の式の値を求めなさい。(15点×2)

(1) $3(a+2b)-4(3a-b)$

(2) $12a^2b\div(-4a)\times 2ab$

3 $A=x-y$, $B=2x+3y$ として，次の式を計算しなさい。(15点×2)

(1) $3A-4B$

(2) $A-(B-5A)$

—9—

10 文字式の利用

1 自然数を 1 から順に，横に 7 つずつ並べた表があります。この表の中から，右の図のように，5 つの数を十字形のわくで囲むと，その囲まれた数の和は 5 の倍数となります。このことが，この表のどこの 5 つの数でも，十字形のわくで囲むことができれば成り立つことを，次のように説明しました。□にあてはまる式を入れなさい。(12点×5)

```
 1  2  3  4  5  6  7
 8  9 10 11 12 13 14
15 16 17 18 19 20 21
22 23 24 25 26 27 28
29 30 31 32 33 34 35
36 37 38 39 40 41 42
43 44 45 ・ ・ ・ ・
 ・  ・  ・ ・ ・ ・ ・
```

中央の自然数を n とすると，その上の数は

① [　　　　]，左側の数は ② [　　　　]，右側の数は ③ [　　　　]，下の数は

④ [　　　　] と表される。これらの数の和は，

① [　　　　] ＋ ② [　　　　] ＋ n ＋ ③ [　　　　] ＋ ④ [　　　　] ＝ ⑤ [　　　　]

よって，5×(自然数)となるから，5 の倍数になる。

2 12 や 24 のように，一の位の数が十の位の数の 2 倍になっている 2 けたの自然数を P とし，自然数 P の十の位と一の位の数を入れかえてできる自然数を Q とすると，$Q-P$ の値は 9 の倍数になります。自然数 P の十の位の数を a として，次の問いに答えなさい。

(1) 自然数 P, Q をそれぞれ a を用いて表しなさい。(10点×2)

(2) $Q-P$ の値は 9 の倍数になることを示しなさい。(20点)

等式の変形

合格点 **80** 点

得 点

点

解答 ➡ P.64

1 次の等式を，x について解きなさい。(10点×4)

(1) $x-5y=7$

(2) $3x+4y=12$

(3) $6xy=18$

(4) $y=2x+8$

2 次の等式を，〔　〕内の文字について解きなさい。(10点×6)

(1) $S=\dfrac{1}{2}ab$ 〔b〕

(2) $8a=4b-2$ 〔b〕

(3) $m=\dfrac{a+b}{2}$ 〔a〕

(4) $V=\dfrac{1}{3}\pi r^2 h$ 〔h〕

(5) $a=\dfrac{3b-4c}{5}$ 〔c〕

(6) $S=\dfrac{1}{2}h(a+b)$ 〔b〕

1 次の計算をしなさい。(10点 × 4)

(1) $5a + 7b - 8a + b$

(2) $-3(4a - b) + 5(3a - 2b)$

(3) $2(x^2 - 3x + 1) - 6(x - 3)$

(4) $\dfrac{3a - 2b}{2} - \dfrac{a - 3b}{3}$

2 次の計算をしなさい。(10点 × 4)

(1) $(-2a)^2 \times 6b$

(2) $4x^2y^3 \div \dfrac{2}{3}x^2y^2$

(3) $\dfrac{1}{2}a^2b \div (-a) \times 8b$

(4) $\dfrac{1}{4}x^3y^2 \times (-2xy)^2 \div (-xy^3)$

3 次の問いに答えなさい。(10点 × 2)

(1) $a = -2$, $b = \dfrac{1}{3}$ のとき, $36ab^2 \div (-6b)$ の値を求めなさい。

(2) 等式 $2x - 3y = 7$ を, y について解きなさい。

13 連立方程式とその解

合格点 **80** 点

得 点

点

解答 ➡ P.64

1 次の**ア〜エ**の方程式のうち，$x=2$，$y=1$ が解になっているものをすべて選びなさい。（20点）

ア　$x-y=-1$　　　　　　　　イ　$3x-2y=4$

ウ　$y=-3x+5$　　　　　　　　エ　$2(3y-4)=-x$

2 次の表の空らんと□□□に，あてはまる数を入れなさい。（5点×12）

(1) $-x+y=-2$ が成り立つような x，y の値の組

x	1	2	3	4	5
y					

(2) $x+2y=5$ が成り立つような x，y の値の組

x	1	2	3	4	5
y					

(3) 上の**(1)**，**(2)**の表から，連立方程式 $\begin{cases} -x+y=-2 \\ x+2y=5 \end{cases}$ の解は，

$x=$ ① □　，$y=$ ② □

3 次の**ア〜ウ**の連立方程式のうち，解が $x=1$，$y=-2$ になっているものをすべて選びなさい。（20点）

ア　$\begin{cases} x+y=-1 \\ 2x-y=4 \end{cases}$　　　イ　$\begin{cases} y=x-3 \\ x+2y=-1 \end{cases}$　　　ウ　$\begin{cases} -x-2y=3 \\ 2(2x-y)=y+10 \end{cases}$

連立方程式の解き方 ①

月　日

1 次の連立方程式を加減法で解きなさい。(10点 × 2)

(1) $\begin{cases} x+2y=7 \\ x+y=5 \end{cases}$

(2) $\begin{cases} 3x-7y=16 \\ -5x+7y=-22 \end{cases}$

2 次の連立方程式を加減法で解きなさい。(20点 × 4)

(1) $\begin{cases} 4x+5y=14 \\ x+3y=7 \end{cases}$

(2) $\begin{cases} 3x+y=-4 \\ 5x+2y=-6 \end{cases}$

(3) $\begin{cases} -2x-9y=23 \\ 5x+4y=-2 \end{cases}$

(4) $\begin{cases} 4x-3y=6 \\ 3x-8y=-7 \end{cases}$

-14-

15 連立方程式の解き方 ②

1 次の連立方程式を代入法で解きなさい。(10点 × 2)

(1) $\begin{cases} y=4x-3 \\ 3x+2y=5 \end{cases}$

(2) $\begin{cases} x=6-y \\ 5x-2y=2 \end{cases}$

2 次の連立方程式を代入法で解きなさい。(20点 × 4)

(1) $\begin{cases} y=-4x+13 \\ y=3x-15 \end{cases}$

(2) $\begin{cases} 3x=2y-4 \\ 3x-4y=-14 \end{cases}$

(3) $\begin{cases} y-2(x+y)=5 \\ 2x-7y=51 \end{cases}$

(4) $\begin{cases} 2(3x-y)-7x=0 \\ 2x-3y=-21 \end{cases}$

16 連立方程式の解き方 ③

1 次の連立方程式を解きなさい。（20点×5）

(1) $\begin{cases} 2x+y=8 \\ \dfrac{1}{3}x-\dfrac{1}{2}y=4 \end{cases}$

(2) $\begin{cases} \dfrac{2}{3}x+\dfrac{3}{4}y=1 \\ 2x-3(2-y)=-6 \end{cases}$

(3) $\begin{cases} 0.4x+1.5y=5 \\ x-3y=-1 \end{cases}$

(4) $\begin{cases} -0.2x+0.3y=0.4 \\ \dfrac{2}{3}x+\dfrac{1}{6}y=1 \end{cases}$

(5) $2x-3y+3=5x-9y=-x+5y$

いちばん簡単な式を
2回使うといいよ。

連立方程式の利用 ①

1 連立方程式 $\begin{cases} ax+by=-6 \\ bx-ay=17 \end{cases}$ の解が, $x=2$, $y=-3$ のとき, a, b の値を求めなさい。(30点)

2 十の位の数と一の位の数の和が 12 である 2 けたの整数があります。また, この整数の十の位の数と一の位の数を入れかえた数をつくると, もとの整数よりも 36 大きくなるといいます。もとの整数を次の順で求めなさい。(20点 × 2)

(1) もとの整数の十の位の数を x, 一の位の数を y として, 連立方程式をつくりなさい。

(2) (1)の連立方程式を解いて, もとの整数を求めなさい。

3 2 つの整数の和が 100 で, 一方の数が他方の数の 2 倍より 8 小さいとき, この 2 つの整数を求めなさい。(30点)

18 連立方程式の利用 ②

合格点 **80** 点
得 点

点

解答 ➡ P.65

1 1本80円の鉛筆と，1本110円のボールペンを合わせて15本買い，
1380円はらいました。鉛筆とボールペンをそれぞれ何本買ったかを
次の順で求めなさい。(25点 × 2)

(1) 鉛筆を x 本，ボールペンを y 本買ったとして，連立方程式をつくりなさい。

(2) (1)の連立方程式を解いて，買った鉛筆とボールペンの本数をそれぞれ求め
なさい。

2 ある博物館の入館料は，おとな3人と中学生1人で1550円，おとな
1人と中学生2人で850円です。おとな1人と中学生1人の入館料
を次の順で求めなさい。(25点 × 2)

(1) おとな1人の入館料を x 円，中学生1人の入館料を y 円として，連立方程
式をつくりなさい。

(2) (1)の連立方程式を解いて，おとな1人の入館料，中学生1人の入館料をそ
れぞれ求めなさい。

—18—

19 連立方程式の利用 ③

1 A 地から 3.8km 離（はな）れた C 地へ行くのに，A 地から途中（とちゅう）の B 地までは毎分 160m の速さで走り，B 地から C 地までは毎分 80m の速さで歩いたら，全体で 40 分かかりました。A 地から B 地までの道のりと，B 地から C 地までの道のりを次の順で求めなさい。(25点 × 2)

(1) A 地から B 地までの道のりを xm，B 地から C 地までの道のりを ym として，連立方程式をつくりなさい。

(2) (1)の連立方程式を解いて，A 地から B 地までの道のりと，B 地から C 地までの道のりをそれぞれ求めなさい。

2 列車が一定の速さで走っています。この列車が，330m の鉄橋を渡り始めてから渡り終わるまでに，22 秒かかりました。また，この列車が，910m のトンネルに入り始めてから出てしまうまでに，51 秒かかりました。このとき，列車の長さと時速を求めなさい。ただし，列車の長さを xm，速さを毎秒 ym として，連立方程式をつくって求めなさい。

(25点 × 2)

20 連立方程式の利用 ④

1 銅と鉛を 7 : 3 に混ぜた合金 A と，銅と鉛を 8 : 2 に混ぜた合金 B が あります。これらを混ぜて，銅を 350g ふくむ合金を 450g つくろう と思います。合金 A と合金 B をそれぞれ何 g 混ぜればよいかを次の 順で求めなさい。(25点 × 2)

(1) 合金 A を xg，合金 B を yg として，連立方程式をつくりなさい。

(2) (1)の連立方程式を解いて，合金 A と合金 B をそれぞれ何 g 混ぜればよい か求めなさい。

2 ある学校の昨年度の生徒数は 260 人でした。今年は，男子が 5%増 え，女子が 10%減ったので，全体では 8 人減りました。昨年度の男子， 女子それぞれの生徒数を次の順で求めなさい。(25点 × 2)

(1) 昨年度の男子の生徒数を x 人，女子の生徒数を y 人として，連立方程式を つくりなさい。

(2) (1)の連立方程式を解いて，昨年度の男子，女子それぞれの生徒数を求めな さい。

1 4%の食塩水と 10%の食塩水を混ぜて，8%の食塩水を 420g つくろう
と思います。4%の食塩水と 10%の食塩水をそれぞれ何 g 混ぜればよ
いかを次の順で求めなさい。(25点 × 2)

(1) 4%の食塩水を xg，10%の食塩水を yg 混ぜるとして，連立方程式をつく
りなさい。

食塩の量は混ぜた前
後で変わらないよ。

(2) (1)の連立方程式を解いて，4%の食塩水と 10%の食塩水をそれぞれ何 g 混
ぜればよいか求めなさい。

2 6%の食塩水に食塩を混ぜて 15%の食塩水を 470g つくろうと思いま
す。6%の食塩水と食塩をそれぞれ何 g 混ぜればよいかを次の順で求
めなさい。(25点 × 2)

(1) 6%の食塩水を xg，食塩を yg 混ぜるとして，連立方程式をつくりなさい。

(2) (1)の連立方程式を解いて，6%の食塩水と食塩をそれぞれ何 g 混ぜればよ
いか求めなさい。

22 まとめテスト②

1 次の連立方程式を解きなさい。（20点×4）

(1) $\begin{cases} 3x+4y=29 \\ 7x-6y=-9 \end{cases}$

(2) $\begin{cases} 5x-2y=-22 \\ 2y=3x+18 \end{cases}$

(3) $\begin{cases} \dfrac{2}{3}x-\dfrac{3}{4}y=10 \\ 5x+3y=6 \end{cases}$

(4) $\begin{cases} 0.75x-0.5y=7 \\ 4(x-2)+y=22 \end{cases}$

2 兄と弟の所持金の合計は4800円です。兄は持っていたお金の30%を，弟は持っていたお金の40%を出しあって，1620円の品物を買いました。2人がはじめに持っていたお金をそれぞれ求めなさい。（20点）

23　1 次 関 数

1 次の**ア～カ**の関数を表す式の中で，y が x の 1 次関数であるものを すべて選びなさい。(28点)

　ア　$3x+y=9$ 　　　　イ　$y=\dfrac{4}{x}$ 　　　　ウ　$y=\dfrac{x}{2}-1$

　エ　$y=x^2$ 　　　　オ　$x=5y-10$ 　　　　カ　$\dfrac{x+1}{y}=2$

2 次の問いに答えなさい。(12点×6)

(1) 次の場合，y を x の式で表しなさい。

　① 半径 $x$cm の円の面積を $y$cm^2 とする。

　② 半径 $x$cm の円の周りの長さを $y$cm とする。

　③ 水が 8L 入っている容器から xL の水を出すとき，残っている水の量を yL とする。

　④ 12km の道のりを歩くのにかかった時間を x 時間，歩く速さを毎時 $y$km とする。

　⑤ 1 本 90 円の鉛筆 x 本と，1 本 120 円のボールペンを 1 本買ったときの代金を y 円とする。

(2) (1)の①～⑤のうち，y が x の 1 次関数であるものをすべて選びなさい。

1 1次関数 $y=2x-5$ について，x の値が -2 から 4 まで増加したときの $\dfrac{y\text{の増加量}}{x\text{の増加量}}$ を求めなさい。(12点)

2 次の1次関数について，x の増加量が 4 のときの y の増加量を求めなさい。(12点×2)

(1) $y=5x-7$

(2) $y=-\dfrac{1}{2}x+2$

3 y が x の1次関数で，x に対応する y の値は次の表のようになります。表の空らんにあてはまる数を入れなさい。(12点×3)

x	-4	-2	0	2	4	6
y		4		0	-2	

4 長さ 25cm のろうそくに火をつけてから，x 分後のろうそくの長さを $y$cm とすると，$y=-\dfrac{3}{5}x+25$ という関係があります。(14点×2)

(1) 変化の割合 $-\dfrac{3}{5}$ は，何を意味していますか。

(2) 5分後から10分後までの間に，ろうそくは何cm短くなりますか。

25 1次関数のグラフ

1 次の□にあてはまる数やことばを入れなさい。（10点×3）

(1) 1次関数 $y=4x-7$ のグラフは，点 $\left(2, \boxed{}\right)$ を通る。

(2) 1次関数 $y=-\dfrac{7}{5}x+2$ のグラフは，点 $\left(\boxed{}, 9\right)$ を通る。

(3) 1次関数 $y=-3x+6$ のグラフは，$y=-3x$ のグラフを y 軸の $\boxed{}$ の方向に $\boxed{}$ だけ平行に移動させた直線である。

2 次の直線の傾きと切片をいいなさい。（5点×8）

(1) $y=8x-3$　　　　　　　　　(2) $y=-2x+7$

(3) $y=\dfrac{1}{3}x-5$　　　　　　　　(4) $y=-x$

3 次の1次関数のグラフをかきなさい。

（10点×3）

(1) $y=3x+1$

(2) $y=-x+3$

(3) $y=\dfrac{4}{3}x-4$

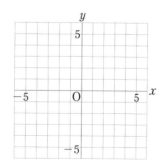

26 直線の式

1 右の直線①〜④の式をそれぞれ求めなさい。(10点×4)

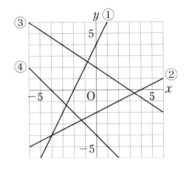

2 次の直線の式を求めなさい。(15点×4)

(1) 傾きが $\dfrac{1}{2}$ で，点$(2,\ 5)$を通る直線

(2) 切片が-6で，直線 $y=\dfrac{4}{3}x$ と平行な直線

(3) 切片が8で，点$(2,\ 3)$を通る直線

(4) 2点$(2,\ -1)$，$(-1,\ 8)$を通る直線

27 2元1次方程式とグラフ

月　　日

合格点 **80**点

得点

点

解答 ➡ P.68

1 次の式のグラフについて，傾きと切片を求めなさい。(10点 × 2)

(1) $8x - y - 6 = 0$

(2) $-2x - 4y + 5 = 0$

2 次の方程式のグラフをかきなさい。(15点 × 4)

(1) $x - y + 3 = 0$

(2) $y + 4 = 0$

(3) $2x - 6 = 0$

(4) $2x + 3y + 6 = 0$

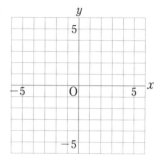

$x = \sim$，$y = \sim$ の直線は軸に平行だね。

3 次の2つの方程式のグラフと y 軸で囲まれた三角形の面積を求めなさい。ただし，座標軸の1目盛りを1cmとします。(20点)

$4y + 8 = 0$，$3x + 2y - 8 = 0$

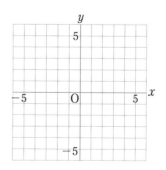

28 連立方程式とグラフ

1 次の連立方程式の解を，グラフをかいて求めなさい。（20点×2）

(1) $\begin{cases} y=2x-3 & \cdots\cdots① \\ y=-x+3 & \cdots\cdots② \end{cases}$

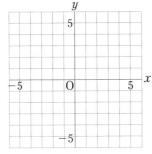

(2) $\begin{cases} x-2y=-6 & \cdots\cdots① \\ x+3y=-6 & \cdots\cdots② \end{cases}$

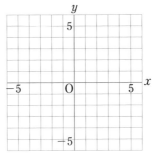

2 右の図で，直線①，②の式と，①，②の交点の座標を求めなさい。（15点×3）

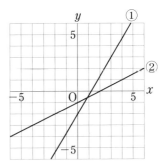

3 直線 $y=\dfrac{1}{3}x+2$ と直線 $y=ax+4$ との交点は，直線 $y=2x+7$ 上の点です。a の値を求めなさい。（15点）

29 1次関数の利用 ①

1 150L の水が入る水そうに，22L の水が入っています。この水そうに毎分 8L の割合で水そうが満水になるまで水を入れるとき，水を入れ始めてから x 分後の水そうの水の量を yL とします。(16点 × 3)

(1) y を x の式で表し，x の変域も書きなさい。

(2) 水を入れ始めてから 5 分後に，水そうの水の量は何 L になりますか。

(3) 水そうの水の量が 110L になるのは，水を入れ始めてから何分後ですか。

2 家から公園まで 3500m の道のりを，自転車で毎分 250m の速さで走ります。家を出発してから x 分後の公園までの道のりを ym とするとき，次の問いに答えなさい。

(1) y を x の式で表し，x の変域も書きなさい。

（20点）

(2) x，y の関係をグラフに表しなさい。(16点)

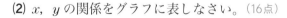

(3) 家を出発して 10 分後には，公園まであと何 m のところにいますか。(16点)

30 1次関数の利用 ②

1 右の図の台形 ABCD で，2点 P，Q は，それぞれ D，B を同時に出発して，点 P は辺 DA 上を1往復し，点 Q は辺 BC 上を C まで，どちらも毎秒 1cm の速さで動

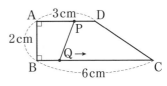

きます。点 P，Q が動き始めてから x 秒後の4点 A，B，Q，P を結んでできる図形の面積を $y\text{cm}^2$ として，次の問いに答えなさい。

(1) 2秒後，5秒後の y の値を求めなさい。（20点）

(2) x の変域が $3 \leqq x \leqq 6$ のときについて，y を x の式で表しなさい。（20点）

(3) 面積の変化のようすを表すグラフをかきなさい。（30点）

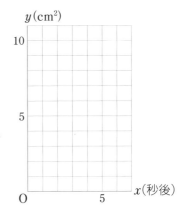

(4) 四角形 ABQP の面積が，台形 ABCD の面積の $\dfrac{1}{2}$ になるのは何秒後ですか。（30点）

31 1次関数の利用 ③

1 右の図について，次の問いに答えなさい。

(1) 直線 ℓ，m の式をそれぞれ求めなさい。（10点 × 2）

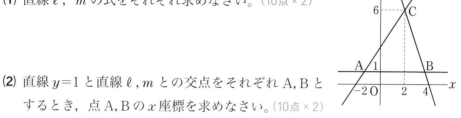

(2) 直線 $y=1$ と直線 ℓ，m との交点をそれぞれ A，B と
するとき，点 A，B の x 座標を求めなさい。（10点 × 2）

(3) 直線 ℓ，m の交点を C とするとき，△ABC の面積を求めなさい。（20点）

2 右の図で，ℓ は $y=-x+12$ の式で表され
る直線，m は $y=3x$ の式で表される直線
です。直線 ℓ と直線 m の交点を A，直線
ℓ と x 軸との交点を B とします。

(1) 点 A，B の座標をそれぞれ求めなさい。

（10点 × 2）

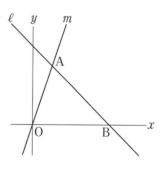

(2) 点 A を通り，△OAB の面積を 2 等分する直線の式を求めなさい。（20点）

1次関数の利用 ④

合格点 **80**点

得 点

点

解答 ➡ P.70

1 右の図で，点 A は関数 $y=2x+2$ のグラフ
上の点，B，C は x 軸上の点であり，四角形
ABCD は正方形です。点 B の x 座標が 3 で
あるとき，次の問いに答えなさい。(20点 × 2)

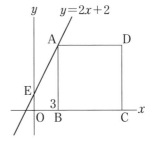

(1) 点 D の座標を求めなさい。

(2) 直線 $y=2x+2$ と y 軸との交点を E とする。点 E を通って，正方形 ABCD
の面積を 2 等分する直線の式を求めなさい。

2 右の図で，点 A (3, 6)，B (12, 0)で，
点 P は △OAB の辺 OA 上を動きます。
点 P から x 軸に垂線 PQ をひいて，PQ
を 1 辺とし，この △OAB に内接する
長方形 PQRS を図のようにつくります。

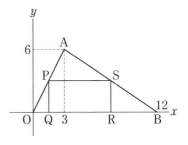

(20点 × 3)

(1) 直線 OA，AB の式を求めなさい。

(2) 点 P の x 座標が 1 であるときの長方形 PQRS の面積を求めなさい。

(3) 長方形 PQRS が正方形になるときの点 P の座標を求めなさい。

1 次の条件を満たす 1 次関数を求めなさい。(12点×3)

(1) 変化の割合が−6 で，$x=1$ のとき $y=2$

(2) グラフが点(2, 6)を通り，切片が−4 の直線

(3) グラフが 2 点(4, −1)，(−8, −10)を通る直線

2 右の図の直線①～③の式を求めなさい。

(12点×3)

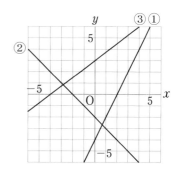

3 右の図で，直線 ℓ の式は $y=x+4$，直線 m の式は $y=-\dfrac{1}{2}x+7$ です。(14点×2)

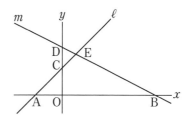

(1) 点 E の座標を求めなさい。

(2) 四角形 COBE の面積を求めなさい。

34 平行線と角 ①

1 次の図で，∠x の大きさを求めなさい。(12点 × 2)

(1)
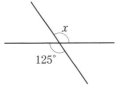

(2)
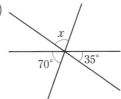

2 右の図について，次の問いに答えなさい。(13点 × 4)

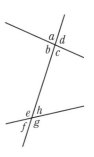

(1) ∠b と ∠h の位置にある角を何といいますか。

(2) ∠b と ∠f の位置にある角を何といいますか。

(3) ∠c の錯角をいいなさい。

(4) ∠d の同位角をいいなさい。

3 次の図で，ℓ // m のとき，∠x の大きさを求めなさい。(12点 × 2)

(1)
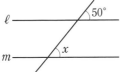

(2)
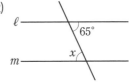

1 右の図で，$\ell /\!/ m$ のとき，$\angle x$，$\angle y$，$\angle z$ の大きさを求めなさい。（12点 × 3）

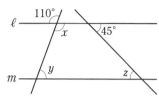

2 次の図で，$\ell /\!/ m$ のとき，$\angle x$ の大きさを求めなさい。（16点 × 4）

(1)

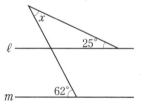

(2)

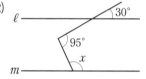

(3)

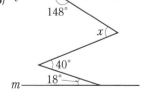

(4)

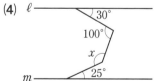

36 多角形の角 ①

合格点 **80** 点

得 点

点

解答 ➡ P.72

月　　日

1 次の図で，∠x の大きさを求めなさい。（12点 × 6）

(1)
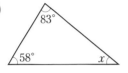

(2)
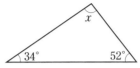

(3)
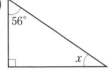

(4)
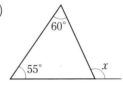

(5)
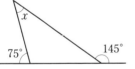

(6)

2 次の図で，∠x の大きさを求めなさい。（14点 × 2）

(1)
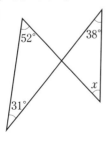

(2)
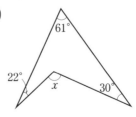

多角形の角 ②

1 次の問いに答えなさい。(10点×6)

(1) 八角形の内角の和を求めなさい。

(2) 正十二角形の1つの内角の大きさを求めなさい。

多角形の外角の和は
いつも同じだったね。

(3) 十五角形の外角の和を求めなさい。

(4) 正六角形の1つの外角の大きさを求めなさい。

(5) 内角の和が1440°である多角形の辺の数は何本ですか。

(6) 正多角形の1つの外角が40°のとき,この多角形は正何角形ですか。

2 次の図で,$\angle x$ の大きさを求めなさい。(20点×2)

(1)

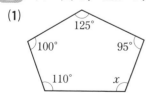

(2)

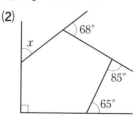

月　　日

38 多角形の角 ③

合格点 **80**点
得 点
点
解答 ➡ P.72

---

1 次の図で，ℓ // m のとき，∠x の大きさを求めなさい。(14点 × 2)

(1)
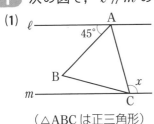
（△ABC は正三角形）

(2)
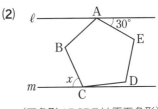
（五角形 ABCDE は正五角形）

---

2 右の図で，∠A+∠B+∠C+∠D+∠E の大きさを，次のようにして求めました。□ にあてはまる記号や数を入れなさい。(6点 × 7)

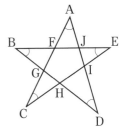

∠AFJ は △FCE の外角だから，

$$\angle \text{AFJ} = \angle \boxed{(1)} + \angle \boxed{(2)} \cdots\cdots ①$$

また，∠AJF は △JBD の外角だから，

$$\angle \text{AJF} = \angle \boxed{(3)} + \angle \boxed{(4)} \cdots\cdots ②$$

①，②より，∠A+∠B+∠C+∠D+∠E

$$= \angle \text{A} + \angle \boxed{(5)} + \angle \boxed{(6)} = \boxed{(7)} °$$

---

3 次の図で，同じ印をつけた角の大きさは等しいものとします。∠x の大きさを求めなさい。(15点 × 2)

(1)
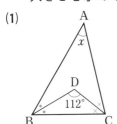

(2)
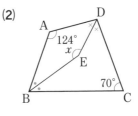

−38−

三角形の合同条件

1 下の図で，合同な三角形はどれとどれですか。また，そのときに使った三角形の合同条件を答えなさい。(16点 × 2)

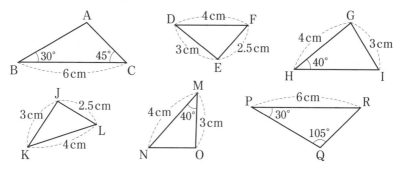

2 右の図の △ABC と △DEF について，次の問いに答えなさい。

(1) AB＝DE，CA＝FD がわかっているとき，あとどんなことがいえると 2 つの三角形は合同になりますか。等式で表し，合同条件も書きなさい。2 つあります。2 つとも書きなさい。(18点 × 2)

(2) BC＝EF，∠B＝∠E がわかっているとき，次の①または②がいえると，2 つの三角形は合同になります。このときに使う合同条件を書きなさい。

(16点 × 2)

　① AB＝DE　　　　　　　　② ∠C＝∠F

40 仮定と結論

合格点 **80**点
得 点
点
解答 ➡ P.73

1 次のことがらについて，仮定と結論を書きなさい。(13点×4)

(1) △ABC≡△DEF ならば，BC＝EF

(2) x が 8 の倍数ならば，x は 2 の倍数である。

(3) 2 組の辺とその間の角がそれぞれ等しい 2 つの三角形は合同である。

(4) 傾きが等しい 2 つの直線は平行である。

2 右の図で，線分 AB と CD の交点を E とするとき，AE＝BE，CE＝DE ならば，AC∥DB となります。(16点×3)

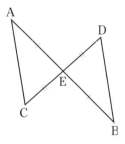

(1) 仮定と結論を書きなさい。

(2) これを 2 つの三角形の合同を利用して証明するためには，どの三角形の合同をいわなければなりませんか。また，そのときの合同条件をいいなさい。

(3) 次に，AC∥DB を導くのに，どんな基本的性質を使いますか。

合同条件と証明 ①

1 右の図で，AO＝CO，AB∥DC ならば，
BO＝DO であることを次のように証明しま
した。□をうめなさい。(10点×5)

〔証明〕　△ABO と△ **(1)** □ において，

　　　　　仮定より，AO＝CO　　……①

　　　　　AB∥DC より，**(2)** □ が等しいから，

　　　　　　∠OAB＝∠ **(3)** □ ……②

　　　　　対頂角は等しいから，

　　　　　　∠BOA＝∠ **(4)** □ ……③

　　　　　①，②，③より，**(5)** □ から，

　　　　　△ABO≡△ **(1)** □

　　　　　よって，BO＝DO

2 右の図で，AB＝DC，AC＝DB ならば，
∠A＝∠D であることを，証明しなさい。

（50点）

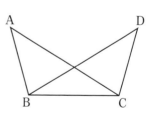

合同条件と証明 ②

合格点 **80**点

得 点

点

解答 ➡ P.74

1 右の図で，△ABC と △CDE が正三角形ならば，AD＝BE です。

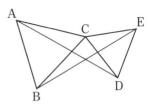

(1) 仮定と結論をいいなさい。(10点 × 2)

〔仮定〕

〔結論〕

(2) このことを，次のように証明しました。□をうめなさい。(10点 × 8)

〔証明〕 △ADC と △BEC において，

$$\boxed{\text{a} \qquad\qquad\qquad\qquad}\text{だから，}$$

$$AC＝BC \qquad\cdots\cdots①$$

$$CD＝\boxed{\text{b}\qquad} \qquad\cdots\cdots②$$

$$\angle DCA＝\angle DCB＋\angle\boxed{\text{c}\qquad\qquad}$$

$$\angle ECB＝\angle DCB＋\angle\boxed{\text{d}\qquad\qquad}$$

ここで，$\angle\boxed{\text{c}\qquad}＝\angle\boxed{\text{d}\qquad}＝\boxed{\text{e}\qquad\qquad}$。

よって，$\boxed{\text{f}\qquad\qquad} \qquad\cdots\cdots③$

①，②，③より，$\boxed{\text{g}\qquad\qquad\qquad\qquad}$

から，△ADC≡△$\boxed{\text{h}\qquad\qquad}$

よって，AD＝BE

まとめテスト ④

1 次の図で，ℓ // m のとき，∠x の大きさを求めなさい。(12点 × 2)

(1)
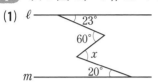

(2)
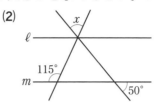

2 右の図で，∠x の大きさを求めなさい。(12点)

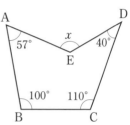

3 右の図で，∠DAC＝∠BAC，∠DCA＝∠BCA ならば，DA＝BA であることを，次のように証明しました。□ をうめなさい。(8点 × 8)

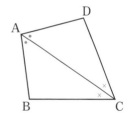

〔仮定〕 (1)

〔結論〕 (2)

〔証明〕 △DAC と △BAC において，

　　　　仮定より， ∠(3)　　　　＝∠BAC ……①

　　　　　　　　　∠DCA＝∠(4)　　　　……②

　　　　共通な辺だから， AC＝(5)　　　　……③

　　　　①，②，③より， (6)　　　　　　　　　　　　から，

　　　　△DAC(7)　　　△BAC　よって， (8)　　　　＝BA

44 二等辺三角形の性質

1 次の図で，同じ印をつけた辺の長さは等しいとして，∠x の大きさを求めなさい。(15点 × 4)

(1)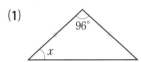

(2)

(3)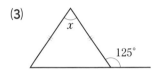

(4)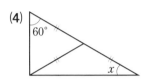

2 右の図で，D，E は AB＝AC の二等辺三角形 ABC の辺 BC 上の点で，BE＝CD です。このとき，AD＝AE となることを次のように証明しました。□ をうめなさい。(8点 × 5)

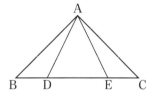

〔証明〕　△ADC と △ **(1)** □ において，

　　　　仮定より，AC＝ **(2)** □　……①

　　　　　　　　　CD＝ **(3)** □　……②

　　　　また，∠ACD＝∠ **(4)** □　……③

　　　　①，②，③より， **(5)** □ から，

　　　　　△ADC≡△ **(1)** □

　　　　よって，AD＝AE

45 二等辺三角形になる条件

合格点 **80** 点

得 点

点

解答 ➡ P.74

1 次のそれぞれの逆をいいなさい。また，それが正しいかどうかもいいなさい。(7点×4)

(1) △ABC において，AB＝AC ならば，∠B＝∠C

(2) $a<5$，$b<5$ ならば，$a+b<10$

2 二等辺三角形 ABC の等しい辺 AB，AC 上にそれぞれ点 D，E を AD＝AE となるようにとり，BE，CD の交点を F とします。このとき，△FBC は二等辺三角形であることを次のように証明しました。□をうめなさい。(9点×8)

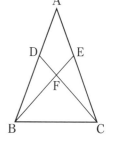

〔証明〕 △ABE と△ (1)□ において，

仮定より，(2)□ ……① (3)□ ……②

共通の角だから，(4)□ ……③

①，②，③より，(5)□ から，

△ABE≡△ (1)□

よって，対応する角だから，∠ABE＝∠ (6)□ ……④

△ABC は二等辺三角形だから，底角 ∠ABC＝∠ (7)□ ……⑤

④，⑤より，∠FBC＝∠ (8)□

△FBC は 2 つの角が等しいから，二等辺三角形である。

1 下の図で合同な直角三角形はどれとどれですか。また，そのときの合同条件をいいなさい。(30点 × 2)

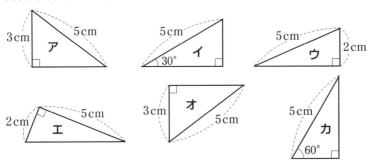

2 右の図で，△ABC は ∠BCA＝90° の直角三角形で，D は直線 BC 上の点，E は辺 AB 上の点で，ED⊥AB です。AB＝BD のとき，△ABC≡△DBE であることを証明しなさい。

(40点)

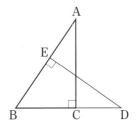

47 直角三角形の合同の証明

合格点 **80**点

得点

点

解答 ➡ P.75

1 右の図のように，直角二等辺三角形 ABC の頂点 A を通る直線 ℓ に，頂点 B, C から垂線 BD, CE をひきます。このとき，AD＝CE となることを次のように証明しました。□をうめなさい。(10点×7)

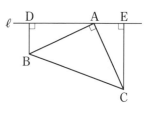

〔証明〕　△ADB と △ (1)□ において，

仮定より，∠ADB＝∠ (2)□ ＝90°　　　……①

AB＝ (3)□　　　……②

また，△ADB において，∠ABD＝90°−∠ (4)□ ……③

∠DAE＝180° から，∠CAE＝90°−∠ (4)□ ……④

③，④より，∠ (5)□ ＝∠ (6)□

よって，(7)□ がそれぞれ等しいから，

△ADB≡△ (1)□

したがって，AD＝CE

2 ∠A＞90° の △ABC の頂点 B, C から，直線 CA, BA にそれぞれ垂線 BD, CE をひきます。このとき，BD＝CE ならば，AB＝AC となることを証明しなさい。(30点)

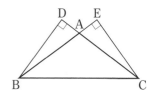

まとめテスト ⑤

合格点 **80**点

得 点　　　　点

解答 ➡ P.75

1 次の図で，x，y の値を求めなさい。(10点 × 4)

(1)

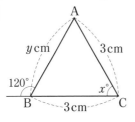

(2)

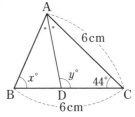

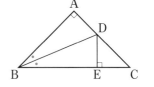

（ADは∠Aの二等分線）

2 右の図のように，∠A＝90°の直角二等辺三角形 ABC の ∠B の二等分線と辺 AC との交点を D とします。点 D から辺 BC に垂線 DE をひくとき，次の問いに答えなさい。(30点 × 2)

(1) △ABD≡△EBD を証明しなさい。

(2) BA＋AD＝BC であることを証明しなさい。

同じ長さの辺を探していこう。

49 平行四辺形の性質 ①

合格点 **80**点
得　点
点
解答 ➡ P.75

1 「平行四辺形の対角線はそれぞれ中点で交わる」ことを，右の □ABCD を使って証明しなさい。（30点）

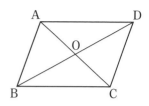

2 右の図の □ABCD で，□にあてはまる数を書き入れなさい。（10点×4）

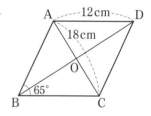

(1) BC＝□ cm

(2) OC＝□ cm

(3) ∠ADC＝□°

(4) ∠BAD＝□°

3 右の図で，□ABCD の 2 辺 AD，BC の中点をそれぞれ M，N とするとき，AN＝CM であることを証明しなさい。（30点）

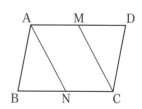

50 平行四辺形の性質 ②

1 右の図の □ABCD で，AB∥PQ，AD∥RS とします。このとき，図の x，y の値，∠a，∠b の大きさをそれぞれ求めなさい。(10点 × 4)

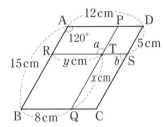

2 右の図のように，□ABCD で，対角線の交点 O を通る直線をひき，2 辺 AD，BC との交点を，それぞれ E，F とします。

このとき，OE＝OF となることを次のように証明しました。□ をうめなさい。(6点 × 10)

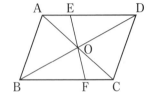

〔証明〕　△AOE と△ (1)□ において，

　　　平行四辺形の対角線は，それぞれの (2)□ で交わるから，

　　　OA＝ (3)□ ……①

　　AD∥ (4)□ より，平行線の (5)□ は等しいから，

　　　　∠OAE＝∠ (6)□ ……②

　　(7)□ は等しいから，∠AOE＝∠ (8)□ ……③

　　①，②，③より， (9)□

　　がそれぞれ等しいから，△AOE≡△ (10)□

　　よって，OE＝OF

51 平行四辺形になる条件

合格点 **80**点
得点
点
解答 ➡ P.76

1 四角形 ABCD が平行四辺形になるのは，次のア
〜ウのどの場合ですか。あてはまるものをすべて
答えなさい。(20点)

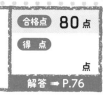

ア AD∥BC，AB＝3cm，DC＝3cm

イ AD∥BC，∠A＝50°，∠D＝130°

ウ 対角線 AC と BD の交点を O とすると，AO＝4cm，BO＝5cm，
CO＝4cm，DO＝5cm

2 右の図の □ABCD で，∠B，∠D の二等分線
が辺 AD，BC と交わる点をそれぞれ E，F と
します。このとき，四角形 EBFD は平行四辺
形であることを次のように証明しました。□
をうめなさい。(10点 × 8)

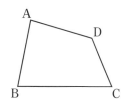

〔証明〕 平行四辺形の対角はそれぞれ等しいから，∠B＝∠ (1)⬚

　　　　仮定より，∠FBE＝$\frac{1}{2}$∠B＝$\frac{1}{2}$∠D＝∠ (2)⬚ ……①

　　　　AD∥BC より， (3)⬚ は等しいから，

　　　　∠EDF＝∠ (4)⬚ ……②

　　　　①，②より，∠FBE＝∠ (4)⬚

　　　　したがって， (5)⬚ が等しいから，EB∥ (6)⬚ ……③

　　　　また，AD∥BC より，ED∥ (7)⬚ ……④

　　　　③，④より，四角形 EBFD は，2組の対辺がそれぞれ (8)⬚

　　　　だから，平行四辺形である。

52 特別な平行四辺形

合格点 **80**点

得 点

点

解答 ➡ P.76

1 □ABCD の対角線の交点を O とするとき，次のような関係が成り立つならば，四角形 ABCD はそれぞれどんな四角形ですか。(10点×3)

(1) AC⊥BD

(2) AO＝BO＝CO＝DO

(3) AB＝BC，AC＝BD

2 右の図で，△ABC の ∠B の二等分線が辺 AC と交わる点を D とし，D から辺 AB，BC に平行な直線をひき，BC，AB と交わる点をそれぞれ E，F とします。このとき，四角形 BEDF はひし形であることを次のように証明しました。 □ をうめなさい。(7点×10)

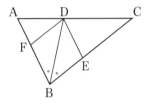

〔証明〕 仮定より，四角形 BEDF は，2 組の対辺が (1)[　　　　] だから，

(2)[　　　　　　] になる。

BE∥FD で，平行線の錯角は (3)[　　　　] から，

∠FDB＝∠ (4)[　　　　] ……①

仮定より，∠EBD＝∠ (5)[　　　] ……②

①，②より，∠FDB＝∠ (6)[　　　]

したがって，△FBD は ∠FDB と ∠ (7)[　　　　] を底角とする

(8)[　　　] 三角形だから，FB＝ (9)[　　　]

よって，となり合う辺が (10)[　　　] から，ひし形である。

月　日

53 平行線と面積

合格点 **80** 点
得点
点
解答 ➡ P.77

1 右の図のように，AD∥BC の台形 ABCD があります。点 P，Q が辺 BC を 3 等分するとき，△ABP と面積が等しい三角形をすべていいなさい。（30点）

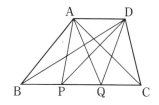

2 右の図の五角形 ABCDE で，辺 CD を D の方向へ延長した直線上に点 F をとり，四角形 ABCF の面積が五角形 ABCDE の面積と等しくなるようにしたいと思います。点 F をどこにとればよいですか。作図して示しなさい。（30点）

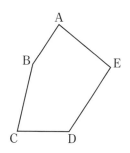

3 右の図のように，台形 ABCD が折れ線 PQR で，**ア**と**イ**の 2 つの部分に分けられています。辺 BC 上に点 S をとり，直線 PS をひいたとき，2 つの部分の面積が変わらないようにするには，点 S をどこにとればよいですか。作図して示しなさい。（40点）

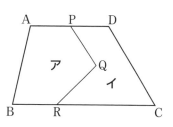

54 まとめテスト ⑥

1 右の図のように，□ABCD の辺 AD，BC の中点をそれぞれ M，N とします。このとき，四角形 MBND は平行四辺形になることを証明しなさい。(30点)

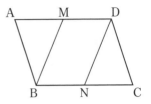

2 右の図で，四角形 ABCD は平行四辺形で，O は対角線の交点，E，F はそれぞれ線分 AO，CO の中点です。次の条件を満たすと，四角形 EBFD はそれぞれどんな四角形になりますか。(15点 × 2)

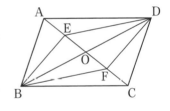

(1) ∠BOF＝90°

(2) BO＝$\frac{1}{2}$ AO

3 右の図のような AD // BC の台形 ABCD があります。直線 BC 上に点 E をとり，直線 AE がこの台形の面積を 2 等分するようにしたいと思います。点 E をどこにとればよいですか。作図して示しなさい。(40点)

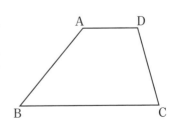

55 データの分布

合格点 80点　得点　　点　　解答 ➡ P.77

1 次のデータは，11人の生徒に数学と英語のテストを行った結果です。

数学　60, 32, 88, 70, 65, 48, 52, 71, 37, 93, 32　（点）

英語　77, 54, 80, 92, 67, 90, 77, 63, 84, 61, 72

(1) 2つのデータの第1四分位数，第2四分位数（中央値），第3四分位数をそれぞれ求めなさい。（5点×6）

	数学	英語
第1四分位数		
第2四分位数		
第3四分位数		

(2) 2つのデータの四分位範囲をそれぞれ求めなさい。（10点×2）

(3) 2つのデータの箱ひげ図を並べてかきなさい。（30点）

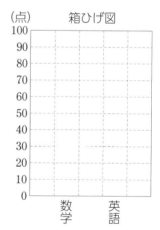

（点）箱ひげ図

(4) データの散らばりの度合いが大きいのは，数学，英語のどちらですか。（20点）

1 ジョーカーを除く 52 枚のトランプから 1 枚をひくとき，そのカード
が絵札(ジャック，クイーン，キング)である確率を，次の順序で求め
なさい。(20点 × 3)

(1) 起こりうる場合は全部で何通りありますか。

(2) 絵札である場合は何通りありますか。

(3) (1)のどの場合が起こることも同様に確からしいとき，ひいた 1 枚のカード
が絵札である確率を求めなさい。

2 2 枚の 10 円硬貨を投げるとき，1 枚が表で，1 枚が裏である確率を，
次の順序で求めなさい。(20点 × 2)

(1) 起こりうる場合は全部で何通りありますか。樹形図をかいて求めなさい。

(2) (1)のどの場合が起こることも同様に確からしいとき，1 枚が表，1 枚が裏
である確率を求めなさい。

57 確率の求め方 ②

1 袋の中に青玉が 8 個，白玉が 4 個，赤玉が 6 個入っています。この袋の中から，玉を 1 個取り出すとき，次の確率を求めなさい。(16点×3)

(1) 青玉が出る確率

(2) 青玉または白玉が出る確率

(3) 青玉または赤玉が出る確率

2 A，B，C，D の 4 人の中から，くじびきで 2 人の当番を選ぶとき，次の確率を求めなさい。(16点×2)

(1) B，C が当番に選ばれる確率

(2) D が当番に選ばれない確率

3 2，3，4 の数字が 1 つずつ書かれた 3 枚のカードがあります。この 3 枚のカードを並べて，3 けたの整数をつくるとき，奇数になる確率を求めなさい。(20点)

1 2つのさいころを同時に投げるとき，次の確率を求めなさい。(20点×3)

(1) 出る目の数の和が9になる確率

(2) 出る目の数の差が2になる確率

(3) 出る目の数の積が4以下にならない確率

2 5本のくじの中に，2本の当たりくじが入っています。このくじを1本ひき，それをもどさないでもう1本ひくとき，少なくとも1本が当たる確率を求めなさい。(20点)

3 1，2，3，4，5の数字を1つずつ記入した5枚のカードがあります。この5枚のカードをよくきって1枚を取り出し，それをもどさないで，もう1枚を取り出します。このとき，取り出した2枚のカードの数字の積が奇数になる確率を求めなさい。(20点)

59 いろいろな確率 ②

1 3枚の硬貨を同時に投げるとき，次の確率を求めなさい。(15点 × 2)

(1) 2枚は表で1枚は裏が出る確率

(2) 少なくとも2枚は裏が出る確率

2 袋の中に赤玉が3個，白玉が2個，青玉が1個入っています。この袋の中から，玉を2個同時に取り出すとき，次の確率を求めなさい。

(1) 赤玉が1個，白玉が1個である確率 (15点)

玉に番号をつけて樹形
図をかいてみよう。

(2) 2個とも同じ色である確率 (15点)

(3) 色が異なる確率 (20点)

(4) 少なくとも1個は赤玉である確率 (20点)

60 まとめテスト ⑦

1 次のデータは，10人の生徒のテストの結果です。

71, 86, 53, 67, 62, 80, 65, 78, 95, 56 （点）

次の問いに答えなさい。

(1) データの第1四分位数，第2四分位数（中央値），第3四分位数をそれぞれ求めなさい。(8点×3)

(2) データの四分位範囲を求めなさい。また，データの箱ひげ図をかきなさい。

(8点×2)

```
 ├──┼──┼──┼──┼──┤
 50  60  70  80  90  100（点）
```

2 2つのさいころを同時に投げるとき，次の確率を求めなさい。(20点×2)

(1) 出る目の数の和が4になる確率

(2) 出る目の数の和が6の倍数になる確率

3 1, 2, 3, 6の数字を1つずつ書いた4枚のカードがあります。これらのカードをよくきり，2枚のカードを1枚ずつ続けてひき，先にひいたカードの数を p，あとからひいたカードの数を q として，分数 $\dfrac{q}{p}$ をつくります。このとき，$\dfrac{q}{p}$ が整数となる確率を求めなさい。(20点)

解答編

▶式の計算

1 単項式と多項式

❶ (1) 単項式 (2) 多項式 (3) 単項式
 (4) 多項式

❷ (1) x, $2y$ (2) $3a$, b, $-4c$
 (3) $-\dfrac{1}{3}m$, mn^2 (4) x^2, $-5xy$, y^2

❸ (1) 1 (2) 2 (3) 1 (4) 2 (5) 3 (6) 5

❹ (1) 1次式 (2) 2次式 (3) 2次式
 (4) 3次式 (5) 4次式 (6) 2次式

解き方 考え方

❷ 単項式の和の形で表す。
 (2) $3a + b + (-4c)$ ⎫
 (4) $x^2 + (-5xy) + y^2$ ⎭ ～～部分が項。

❸ 単項式でかけられている文字の個数を，その式の**次数**という。

❹ 各項の次数のうちで，もっとも大きいものが，その多項式の**次数**となる。
 (3) $-5a^2$ の次数は2，$2a$ の次数は1だから，2次式。
 (5) x^2y の次数は3，$4xy^3$ の次数は4だから，4次式。

2 同類項

❶ (1) $2a$ と $-4a$，$-3b$ と $8b$
 (2) x^2 と $4x^2$，$-2x$ と $5x$

❷ (1) $6a - 2b$ (2) $-3x + 3y$
 (3) $-x^2 + 5x$ (4) $-2ab$

❸ (1) $5a - ab$ (2) $2x^2 - 3x - 9$
 (3) $x - 3.5xy$ (4) $-2.2x^2 + 2.6x$
 (5) $\dfrac{3}{4}x^2 - \dfrac{1}{6}x$ (6) $-\dfrac{5}{6}a^2 - \dfrac{1}{12}a$

解き方 考え方

❶ 文字の部分が同じである項を**同類項**とい

う。(2)では，x^2 と $-2x$ は次数が異なるので，同類項ではない。

❸ (3) $0.4x - 1.2xy - 2.3xy + 0.6x$
 $= 0.4x + 0.6x - 1.2xy - 2.3xy$
 $= (0.4 + 0.6)x + (-1.2 - 2.3)xy$
 $= x - 3.5xy$

 (5) $\dfrac{1}{2}x^2 - \dfrac{2}{3}x + \dfrac{1}{4}x^2 + \dfrac{1}{2}x$
 $= \dfrac{1}{2}x^2 + \dfrac{1}{4}x^2 - \dfrac{2}{3}x + \dfrac{1}{2}x$
 $= \left(\dfrac{2}{4} + \dfrac{1}{4}\right)x^2 + \left(-\dfrac{4}{6} + \dfrac{3}{6}\right)x$
 $= \dfrac{3}{4}x^2 - \dfrac{1}{6}x$

3 多項式の加法・減法

❶ (1) $9x - y$ (2) $-6m - 3n$
 (3) $2a + 13b$ (4) $7x - 2y$
 (5) $3a^2 - a - 6$ (6) $6x^2 - 11x + 6$

❷ (1) 和…$14a + 3b$，差…$4a - 5b$
 (2) 和…$-x^2 - x - 5$，差…$3x^2 - 13x + 11$

❸ (1) $3x$ (2) $7a + 3b$ (3) $-2x - y + 3$
 (4) $-a - 7b + 6$

解き方 考え方

❶ かっこをはずして同類項をまとめる。減法は，ひくほうの多項式の各項の符号を反対にする。
 (6) $(7x^2 - 9x) - (x^2 - 6 + 2x)$
 $= 7x^2 - 9x - x^2 + 6 - 2x$
 $= 6x^2 - 11x + 6$

❷ (1) 和は$(9a - b) + (5a + 4b)$，差は$(9a - b) - (5a + 4b)$を計算する。

❸ (2)・(4) 減法は加法になおすと計算しやすくなる。
 (4)
$$\begin{array}{r} 4a - 6b - 2 \\ -)\ 5a + b - 8 \\ \end{array} \Rightarrow \begin{array}{r} 4a - 6b - 2 \\ +)\ -5a - b + 8 \\ \hline -a - 7b + 6 \end{array}$$

4 多項式と数の乗法・除法

❶ (1) $6x+24y$ (2) $-20a+40b$
   (3) $6x-15y-12$ (4) $2a-12b$
   (5) $-\dfrac{5}{2}x+2y$ (6) $3a+2b-6$

❷ (1) $2x-3y$ (2) $a-3b$
   (3) a^2-4a-2 (4) $-2x^2+x-5$
   (5) $-9x+12y$ (6) $-4x^2-8x+20$

解き方 考え方

❶ 分配法則 $a(b+c)=ab+ac$ を使ってかっこをはずす。
  (3) $3(2x-5y-4)=3\times 2x+3\times(-5y)+3\times(-4)$
$=6x-15y-12$

❷ 多項式と数の除法は，乗法になおして計算する。
  (1) $(10x-15y)\div 5$
$=(10x-15y)\times\dfrac{1}{5}=10x\times\dfrac{1}{5}-15y\times\dfrac{1}{5}$
$=2x-3y$
  (4) $(12x^2-6x+30)\div(-6)$
$=(12x^2-6x+30)\times\left(-\dfrac{1}{6}\right)$
$=-2x^2+x-5$
  (6) $(5x^2+10x-25)\div\left(-\dfrac{5}{4}\right)$
$=(5x^2+10x-25)\times\left(-\dfrac{4}{5}\right)$
$=-4x^2-8x+20$

5 いろいろな計算

❶ (1) $5x-12y$ (2) $a+16b$
   (3) $x-17y+11$ (4) $x^2-31x+5$

❷ (1) $\dfrac{7}{5}a+\dfrac{1}{15}b-2$ (2) $\dfrac{5x+11y}{6}$
   (3) $\dfrac{9a+7b}{4}$ (4) $\dfrac{29a-10b}{12}$
   (5) $\dfrac{9x-y}{5}$ (6) $\dfrac{x-y}{2}$

解き方 考え方

❶ 分配法則を使って，かっこをはずして計算する。
  (4) $3(x^2-5x-3)-2(x^2+8x-7)$

$=3x^2-15x-9-2x^2-16x+14$
$=x^2-31x+5$

❷ 通分して1つの分数にする。
  (3) $\dfrac{7a-3b}{4}+\dfrac{a+5b}{2}$
$=\dfrac{7a-3b+2(a+5b)}{4}$
$=\dfrac{7a-3b+2a+10b}{4}=\dfrac{9a+7b}{4}$
  (5) $2x-y-\dfrac{x-4y}{5}=\dfrac{5(2x-y)-(x-4y)}{5}$
$=\dfrac{10x-5y-x+4y}{5}=\dfrac{9x-y}{5}$
  (6) $\dfrac{2x-2y}{3}+\dfrac{-x+y}{6}$
$=\dfrac{2(2x-2y)+(-x+y)}{6}$
$=\dfrac{4x-4y-x+y}{6}=\dfrac{3x-3y}{6}=\dfrac{x-y}{2}$

6 単項式の乗法・除法 ①

❶ (1) $15xy$ (2) $-12ab$ (3) $-32xyz$
   (4) $63abc$ (5) $-4xy$ (6) $-25ab$

❷ (1) $56a^3$ (2) $-6x^4$ (3) $9x^3y^4$
   (4) $24a^3b^2$ (5) $-8a^3$ (6) $64m^2$
   (7) $-6x^4$ (8) $28ab^2$

解き方 考え方

❶ 係数の積に文字の積をかける。
  (6) $30a\times\left(-\dfrac{5}{6}b\right)=30\times\left(-\dfrac{5}{6}\right)\times a\times b$
$=-25ab$

❷ 同じ文字の積は，指数を使って累乗の形に表す。
  (5) $(-2a)^3=(-2a)\times(-2a)\times(-2a)$
$=(-2)\times(-2)\times(-2)\times a\times a\times a$
$=-8a^3$
  (8) $7a\times(-2b)^2=7a\times(-2b)\times(-2b)$
$=7a\times 4b^2=28ab^2$

7 単項式の乗法・除法 ②

❶ (1) 3 (2) $-4a$ (3) $-6x$ (4) $3b$
   (5) $\dfrac{7}{4}bc$ (6) $-\dfrac{3}{2}x$

❷ (1) $5b$ (2) $-12x$ (3) $-\dfrac{x}{15}$ (4) $\dfrac{18}{n}$

    (5) $-\dfrac{8}{3}a$ (6) $\dfrac{3y}{2x}$

解き方考え方

❶ 単項式どうしの除法は，分数の形にして約分する。

(4) $(-18ab^2)\div(-6ab)$

$=\dfrac{18ab^2}{6ab}=\dfrac{\overset{3}{\cancel{18}}\times\cancel{a}\times b\times\overset{1}{\cancel{b}}}{\underset{1}{\cancel{6}}\times\cancel{a}\times\underset{1}{\cancel{b}}}=3b$

❷ わる式の逆数をかける乗法になおして計算する。

(3) $\dfrac{1}{24}xy\div\left(-\dfrac{5}{8}y\right)=\dfrac{xy}{24}\div\left(-\dfrac{5y}{8}\right)$

$=\dfrac{xy}{24}\times\left(-\dfrac{8}{5y}\right)=-\dfrac{xy\times8}{24\times5y}=-\dfrac{x}{15}$

(6) $\left(-\dfrac{4}{7}xy^2\right)\div\left(-\dfrac{8}{21}x^2y\right)$

$=\left(-\dfrac{4xy^2}{7}\right)\div\left(-\dfrac{8x^2y}{21}\right)$

$=\left(-\dfrac{4xy^2}{7}\right)\times\left(-\dfrac{21}{8x^2y}\right)$

$=\dfrac{4xy^2\times21}{7\times8x^2y}=\dfrac{3y}{2x}$

8　単項式の乗法・除法 ③

❶ (1) $4x^2$ (2) $-3a^2$ (3) $-2x^2$

    (4) $6y^2$ (5) $-12b$ (6) $8x$ (7) $\dfrac{2}{3}a^2$

    (8) $\dfrac{6x^2}{y}$

❷ (1) $-10x$ (2) $-6ab$ (3) $\dfrac{27}{2}a^3$

    (4) $-\dfrac{4}{5}$

解き方考え方

❶ 乗除の混合計算は，分数の形になおしてまとめて計算する。

(3) $6x^2\times(-3x)\div9x=-\dfrac{6x^2\times3x}{9x}=-2x^2$

(7) $6a\div3b\times\dfrac{1}{3}ab$

$=6a\times\dfrac{1}{3b}\times\dfrac{ab}{3}=\dfrac{\overset{2}{\cancel{6a}}\times a\overset{1}{\cancel{b}}}{\underset{1}{\cancel{3b}}\times3}=\dfrac{2}{3}a^2$

❷ ( )の累乗(るいじょう)は先に計算する。

---

(3) $(-3a)^3\times(-2a^2)\div(-2a)^2$

$=-27a^3\times(-2a^2)\div4a^2$

$=\dfrac{27a^3\times2a^2}{4a^2}=\dfrac{27}{2}a^3$

(4) $36x^3\div(-5x)\div(-3x)^2$

$=36x^3\div(-5x)\div9x^2$

$=-\dfrac{36x^3}{5x\times9x^2}=-\dfrac{4}{5}$

9　式の値

❶ (1) -12 (2) 16 (3) $\dfrac{5}{2}$ (4) -108

❷ (1) -8 (2) $-\dfrac{1}{6}$

❸ (1) $-5x-15y$ (2) $4x-9y$

解き方考え方

式の値を求めるときは，式を簡単にしてから数を代入するとよい。

❶ (2) $4(x-2y)+2(-3x+6y)$

$=4x-8y-6x+12y=-2x+4y$

この式に $x=-2$，$y=3$ を代入すると，

$-2\times(-2)+4\times3=4+12=16$

❷ (2) $12a^2b\div(-4a)\times2ab$

$=-\dfrac{12a^2b\times2ab}{4a}=-6a^2b^2$

この式に $a=\dfrac{1}{3}$，$b=-\dfrac{1}{2}$ を代入すると，

$-6\times\left(\dfrac{1}{3}\right)^2\times\left(-\dfrac{1}{2}\right)^2=-6\times\dfrac{1}{9}\times\dfrac{1}{4}$

$=-\dfrac{1}{6}$

❸ (2) かっこをはずして式を簡単にする。

$A-(B-5A)=A-B+5A=6A-B$

$A=x-y$，$B=2x+3y$ を代入すると，

$6(x-y)-(2x+3y)=6x-6y-2x-3y$

$=4x-9y$

10　文字式の利用

❶ ① $n-7$ ② $n-1$ ③ $n+1$

    ④ $n+7$ ⑤ $5n$

❷ (1) $P\cdots12a$，$Q\cdots21a$

    (2) $Q-P=21a-12a=9a$

> a は自然数だから，$9a$ は 9 の倍数である。
> よって，$Q-P$ の値は 9 の倍数である。

解き方考え方

❷ (1) 自然数 P の十の位の数を a とすると，P は，$10a+2=12a$ と表せる。
自然数 Q は，$10×2a+a=21a$ と表せる。

11 等式の変形

❶ (1) $x=5y+7$ (2) $x=-\dfrac{4}{3}y+4$

 (3) $x=\dfrac{3}{y}$ (4) $x=\dfrac{1}{2}y-4$

❷ (1) $b=\dfrac{2S}{a}$ (2) $b=2a+\dfrac{1}{2}$

 (3) $a=2m-b$ (4) $h=\dfrac{3V}{\pi r^2}$

 (5) $c=-\dfrac{5}{4}a+\dfrac{3}{4}b$ (6) $b=\dfrac{2S}{h}-a$

解き方考え方

❶ $x=\sim$ の形に変形する。

❷ (3) $m=\dfrac{a+b}{2}$ の両辺に 2 をかけて，
$2m=a+b$　$a+b=2m$　$a=2m-b$
 (5) $a=\dfrac{3b-4c}{5}$ の両辺に 5 をかけて，
$5a=3b-4c$　$4c=-5a+3b$
$c=-\dfrac{5}{4}a+\dfrac{3}{4}b$

12 まとめテスト①

❶ (1) $-3a+8b$ (2) $3a-7b$

 (3) $2x^2-12x+20$ (4) $\dfrac{7}{6}a$

❷ (1) $24a^2b$ (2) $6y$ (3) $-4ab^2$

 (4) $-x^4y$

❸ (1) 4 (2) $y=\dfrac{2}{3}x-\dfrac{7}{3}$

解き方考え方

❶ (4) $\dfrac{3a-2b}{2}-\dfrac{a-3b}{3}$
$=\dfrac{3(3a-2b)-2(a-3b)}{6}$

$=\dfrac{9a-6b-2a+6b}{6}=\dfrac{7}{6}a$

❷ (4) $\dfrac{1}{4}x^3y^2×(-2xy)^2÷(-xy^3)$

$=-\dfrac{x^3y^2×4x^2y^2}{4×xy^3}=-x^4y$

❸ (1) $36ab^2÷(-6b)=-\dfrac{36ab^2}{6b}=-6ab$

この式に $a=-2$，$b=\dfrac{1}{3}$ を代入すると，

$-6×(-2)×\dfrac{1}{3}=4$

 (2) $2x-3y=7$　$-3y=-2x+7$
両辺を -3 でわって，$y=\dfrac{2}{3}x-\dfrac{7}{3}$

▶連立方程式

13 連立方程式とその解

❶ イ，エ

❷ (1) （左から順に）-1，0，1，2，3

 (2) （左から順に）2，$\dfrac{3}{2}$，1，$\dfrac{1}{2}$，0

 (3) ① 3　② 1

❸ ア，ウ

解き方考え方

❶ $x=2$，$y=1$ を代入して，等式が成り立つかを調べる。

❸ $x=1$，$y=-2$ を代入して，2 つの等式がどちらも成り立つものを選ぶ。

14 連立方程式の解き方①

❶ (1) $x=3$，$y=2$ (2) $x=3$，$y=-1$

❷ (1) $x=1$，$y=2$ (2) $x=-2$，$y=2$

 (3) $x=2$，$y=-3$ (4) $x=3$，$y=2$

解き方考え方

❶ 上の式を①，下の式を②とする。
 (1) ①$-$② より，$y=2$
$y=2$ を②に代入すると，$x+2=5$
$x=3$

❷ 同じ文字の係数の絶対値が等しくなるように，2 つの式をそれぞれ何倍かして，その文字の項を消去する。
上の式を①，下の式を②とする。

(1) ①−②×4 より， $-7y=-14$ $y=2$
$y=2$ を②に代入すると，$x+6=7$
$x=1$
(2) ①×2−② より，y を消去する。
(3) ①×4+②×9 より，y を消去する。
(4) ①×3−②×4 より，x を消去する。

❶ (1) $x=1$，$y=1$ (2) $x=2$，$y=4$
❷ (1) $x=4$，$y=-3$ (2) $x=2$，$y=5$
　(3) $x=1$，$y=-7$ (4) $x=-6$，$y=3$

解き方 考え方
❶ 上の式を①，下の式を②とする。
(1) ①を②に代入すると，
$3x+2(4x-3)=5$ $3x+8x-6=5$
$11x=11$ $x=1$
$x=1$ を①に代入すると，$y=4-3=1$
❷ (1) $-4x+13=3x-15$ $-7x=-28$ $x=4$
(2) 下の式より，$3x=4y-14$ よって，
$2y-4=4y-14$ $-2y=-10$ $y=5$
(3)・(4) かっこをはずして，整理してから解く。
(4) $2(3x-y)-7x=0$
$6x-2y-7x=0$ $-x-2y=0$ $x=-2y$
これを下の式に代入して，
$2×(-2y)-3y=-21$
$-7y=-21$ $y=3$，$x=-6$

❶ (1) $x=6$，$y=-4$ (2) $x=6$，$y=-4$
　(3) $x=5$，$y=2$ (4) $x=1$，$y=2$
　(5) $x=7$，$y=3$

解き方 考え方
❶ 係数に分数をふくむときは，両辺に分母の最小公倍数をかけて係数を全部整数にしてから解く。
上の式を①，下の式を②とする。
(1) ②×6 より，$2x-3y=24$……②′

①，②′ を解いて，$x=6$，$y=-4$
係数に小数をふくむときは，両辺を10倍，100倍などして係数を全部整数にしてから解く。
(3) ①×10 　　$4x+15y=50$
　②×4 　−)$4x-12y=-4$
　　　　　　　　$27y=54$ $y=2$
(5) $A=B=C$ の形をした連立方程式は，

ア$\begin{cases} A=B \\ A=C \end{cases}$　イ$\begin{cases} A=B \\ B=C \end{cases}$　ウ$\begin{cases} A=C \\ B=C \end{cases}$

の，どの組み合わせをつくっても解くことができる。イの組み合わせで解くと，
$\begin{cases} 2x-3y+3=5x-9y & ……① \\ 5x-9y=-x+5y & ……② \end{cases}$
これを整理して，
$\begin{cases} -3x+6y=-3 & ……①′ \\ 6x-14y=0 & ……②′ \end{cases}$
これを解いて，$x=7$，$y=3$

❶ $a=3$，$b=4$
❷ (1) $\begin{cases} x+y=12 \\ 10y+x-(10x+y)=36 \end{cases}$ (2) 48
❸ 64 と 36

解き方 考え方
❷ (1) 十の位の数と一の位の数の和は 12 より，$x+y=12$
もとの整数は $10x+y$，入れかえた数は $10y+x$ と表せるから，
$10y+x-(10x+y)=36$
❸ 2 つの整数を x，y とすると，
$\begin{cases} x+y=100 \\ x=2y-8 \end{cases}$
これを解いて，$x=64$，$y=36$

❶ (1) $\begin{cases} x+y=15 \\ 80x+110y=1380 \end{cases}$
　(2) 鉛筆…9 本，ボールペン…6 本

❷ (1) $\begin{cases} 3x+y=1550 \\ x+2y=850 \end{cases}$

(2) おとな 1 人…450 円

　　中学生 1 人…200 円

解き方 考え方

❶ x と y の関係を表に整理してみると,

1 本の値段(円)	80	110	合計
本　数(本)	x	y	15
代　金(円)	$80x$	$110y$	1380

❷ (おとな 1 人の入館料)×3+(中学生 1 人の入館料)×1=1550

(おとな 1 人の入館料)×1+(中学生 1 人の入館料)×2=850

19 　連立方程式の利用 ③

❶ (1) $\begin{cases} x+y=3800 \\ \dfrac{x}{160}+\dfrac{y}{80}=40 \end{cases}$

(2) A 地から B 地まで…1200m

　　B 地から C 地まで…2600m

❷ 列車の長さ…110m, 時速…72km

解き方 考え方

❶ (1) 道のりの関係から, $x+y=3800$…①

かかった時間の関係から,

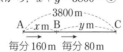

3800 m
A←xm→B←ym→C
毎分 160 m　毎分 80 m

時間＝$\dfrac{道のり}{速さ}$

より, $\dfrac{x}{160}+\dfrac{y}{80}=40$…②

(2) ②の両辺に 160 をかけて,

$x+2y=6400$…②′

①, ②′ を解いて, $x=1200$, $y=2600$

❷ 長さ xm の列車が330mの鉄橋を渡るとき,

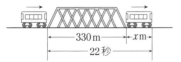

330 m←xm→
22秒

(鉄橋の長さ)+(列車の長さ) が 22 秒間に列車が進んだ道のりになる。トンネル

の場合も同様である。よって,

$\begin{cases} 330+x=22y \\ 910+x=51y \end{cases}$

これを解いて, $x=110$, $y=20$

毎秒 20m＝毎時 (20×3600)m

＝毎時 72km

20 　連立方程式の利用 ④

❶ (1) $\begin{cases} x+y=450 \\ \dfrac{7}{10}x+\dfrac{8}{10}y=350 \end{cases}$

(2) 合金 A…100g, 合金 B…350g

❷ (1) $\begin{cases} x+y=260 \\ \dfrac{5}{100}x-\dfrac{10}{100}y=-8 \end{cases}$

(2) 男子…120 人, 女子…140 人

解き方 考え方

❶ 合金 A にふくまれる銅の重さは,

$x×\dfrac{7}{7+3}=\dfrac{7}{10}x$ (g)

同様に合金 B にふくまれる銅の重さは,

$y×\dfrac{8}{8+2}=\dfrac{8}{10}y$ (g)

❷ (1) 昨年度の生徒数の関係から,

$x+y=260$

生徒数の増減の関係から,

$\dfrac{5}{100}x-\dfrac{10}{100}y=-8$

別解 今年の生徒数が 252 人になることから,

$\begin{cases} x+y=260 \\ \dfrac{105}{100}x+\dfrac{90}{100}y=252 \end{cases}$ としてもよい。

21 　連立方程式の利用 ⑤

❶ (1) $\begin{cases} x+y=420 \\ \dfrac{4}{100}x+\dfrac{10}{100}y=420×\dfrac{8}{100} \end{cases}$

(2) 4%の食塩水 …140g

　　10%の食塩水…280g

25 1次関数のグラフ

① (1) 1　(2) -5　(3) 正, 6

② (1) 傾き…8, 切片…-3

(2) 傾き…-2, 切片…7

(3) 傾き…$\dfrac{1}{3}$,

切片…-5

(4) 傾き…-1,

切片…0

③ 右の図

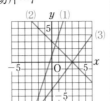

解き方 考え方

① (1)・(2)各点の x 座標または y 座標を式に代入して, y または x の値を求める。

② 1次関数 $y=ax+b$ のグラフの傾きは a, 切片は b である。

③ 1次関数のグラフは直線であるから, 傾きや切片をもとにしてかく。
(1) 切片は1, 傾きは3より, 2点$(0, 1)$, $(1, 4)$を通る直線をひく。

26 直線の式

① ① $y=2x+4$　② $y=\dfrac{1}{2}x-2$

③ $y=-\dfrac{2}{3}x+2$　④ $y=-x-4$

② (1) $y=\dfrac{1}{2}x+4$　(2) $y=\dfrac{4}{3}x-6$

(3) $y=-\dfrac{5}{2}x+8$　(4) $y=-3x+5$

解き方 考え方

② (1) 傾きが $\dfrac{1}{2}$ だから, 式は $y=\dfrac{1}{2}x+b$

これに, $x=2$, $y=5$ を代入して,

$5=\dfrac{1}{2}\times 2+b$　$b=4$

(2) 平行な2つの直線の傾きは等しい。

よって, 傾き $\dfrac{4}{3}$, 切片-6の直線である。

(3) 切片が8だから, 求める式を

$y=ax+8$ として, $x=2$, $y=3$ を代入する。

(4) 求める式を $y=ax+b$ とする。$x=2$

のとき $y=-1$ だから,

$-1=2a+b$……①

$x=-1$ のとき $y=8$ だから,

$8=-a+b$……②

①, ②の連立方程式を解く。

別解 求める直線の傾きは,

$\dfrac{-1-8}{2-(-1)}=-3$

$y=-3x+b$ とおいて,

$x=2$, $y=-1$ を代入する。

27 2元1次方程式とグラフ

① (1) 傾き…8, 切片…-6

(2) 傾き…$-\dfrac{1}{2}$, 切片…$\dfrac{5}{4}$

② 右の図

③ $12\mathrm{cm}^2$

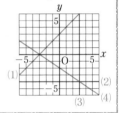

解き方 考え方

① 式を $y=\sim$ の形に変形して, 傾きと切片を求める。

② 式を $y=\sim$ の形 ((3)は $x=\sim$ の形) に変形すると,
(1) $y=x+3$　(2) $y=-4$　(3) $x=3$
(4) $y=-\dfrac{2}{3}x-2$

③ 式を $y=\sim$ の形に変形すると,

$y=-2$ ……①

$y=-\dfrac{3}{2}x+4$ ……②

グラフから, ①, ②の交点は$(4, -2)$

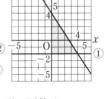

よって, 求める三角形の面積は,

$\dfrac{1}{2}\times 4\times 6=12(\mathrm{cm}^2)$

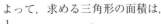

28 連立方程式とグラフ

① (1) 右の図
$x=2$, $y=1$

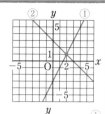

(2) 右の図
$x=-6$, $y=0$

② ① $y=\dfrac{5}{3}x-2$

② $y=\dfrac{1}{2}x-1$

交点の座標
$\left(\dfrac{6}{7},\ -\dfrac{4}{7}\right)$

③ $a=1$

解き方 考え方

① 2つの方程式のグラフをかいて，その交点の x 座標，y 座標を調べる。

② ①，②の式を連立方程式として解く。その解が直線①，②の交点の座標である。

③ 3つの直線は1点で交わることになるから，直線 $y=\dfrac{1}{3}x+2$ と直線 $y=2x+7$ の交点の座標を求めると，$(-3,\ 1)$

$x=-3$, $y=1$ を $y=ax+4$ に代入して，
$1=-3a+4$　$a=1$

29 1次関数の利用 ①

① (1) $y=8x+22(0\leqq x\leqq 16)$

(2) 62L (3) 11 分後

② (1) $y=-250x+3500(0\leqq x\leqq 14)$

(2) 下の図 (3) 1000m

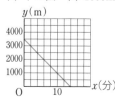

解き方 考え方

① (1) 水そうの水の量＝入れた水の量＋22L で，x 分間に水を $8x$L 入れるから，
$y=8x+22$
$(150-22)\div 8=16$ より，水そうが満水になるのは 16 分後になる。
したがって，x の変域は $0\leqq x\leqq 16$

② (1) 残りの道のり

$=\underset{3500}{\underline{全体の道のり}}-\underset{250\times x}{\underline{進んだ道のり}}$

よって，$y=3500-250x$
$y=-250x+3500$ に $y=0$ を代入して，
$x=14$ より，x の変域は，$0\leqq x\leqq 14$

30 1次関数の利用 ②

① (1) 2 秒後…$y=3$
5 秒後…$y=7$

(2) $y=2x-3$

(3) 右の図

(4) $\dfrac{15}{4}$ 秒後

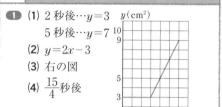

解き方 考え方

① (1) 2 秒後には，点 P は D から A に向かって移動しているので，
$AP=3-2=1(cm)$，$BQ=2cm$
よって，$y=\dfrac{1}{2}\times(1+2)\times 2=3$
5 秒後には，点 P は A から D に向かって移動しているので，$AP=2cm$，$BQ=5cm$
よって，$y=\dfrac{1}{2}\times(2+5)\times 2=7$

(2) $3\leqq x\leqq 6$ のとき，$AP=x-3(cm)$，$BQ=x$cm
よって，$y=\dfrac{1}{2}\times(x-3+x)\times 2=2x-3$

(3) $0\leqq x\leqq 3$ では，点 P は D から A に向かって移動する。このとき，
$AP=3-x$ (cm)，$BQ=x$cm

よって，$y=\dfrac{1}{2}\times(3-x+x)\times2=3$

$3\leqq x\leqq6$ では，$y=2x-3$ になる。

(4) 台形 ABCD の面積は，

$\dfrac{1}{2}\times(3+6)\times2=9$

よって，**(2)**と**(3)**より，$2x-3=\dfrac{9}{2}$　$x=\dfrac{15}{4}$

$3<\dfrac{15}{4}<4$ なので，問題に合っている。

31　1次関数の利用 ③

❶ **(1)** 直線 $\ell\cdots y=\dfrac{3}{2}x+3$

　　直線 $m\cdots y=-3x+12$

　(2) 点 A の x 座標$\cdots-\dfrac{4}{3}$

　　点 B の x 座標$\cdots\dfrac{11}{3}$

　(3) $\dfrac{25}{2}$

❷ **(1)** A$(3,\ 9)$，B$(12,\ 0)$

　(2) $y=-3x+18$

解き方考え方

❶ **(1)** グラフから，直線 ℓ の傾きは，

$\dfrac{6}{4}-\dfrac{3}{2}$　$y=\dfrac{3}{2}x+b$ とおいて，$x=2$，

$y=6$ を代入する。$6=3+b$　$b=3$

同様に，直線 m の傾きは，$\dfrac{-6}{2}=-3$

$y=-3x+b'$ とおいて，$x=2$，$y=6$ を

代入する。$6=-6+b'$　$b'=12$

(2) 点 A の x 座標は直線 ℓ の式に $y=1$ を

代入して，$1=\dfrac{3}{2}x+3$　$x=-\dfrac{4}{3}$

同様に，点 B の x 座標も直線 m の式に

$y=1$ を代入して求める。

(3) $AB=\dfrac{11}{3}-\left(-\dfrac{4}{3}\right)=\dfrac{11}{3}+\dfrac{4}{3}=5$

よって，$\triangle ABC=\dfrac{1}{2}\times5\times(6-1)=\dfrac{25}{2}$

❷ **(1)** 点 A の座標は，連立方程式

$\begin{cases}y=-x+12\\y=3x\end{cases}$ を解いて，

$x=3$，$y=9$ より，A$(3,\ 9)$

点 B の座標は，直線 ℓ の式に $y=0$ を代

入して，$0=-x+12$　$x=12$　B$(12,\ 0)$

(2) 求める直線は，A と OB の中点 M を

通る。M$(6,\ 0)$ より，直線の式を

$y=ax+b$ として，

A，M の座標を代入する。

$\begin{cases}9=3a+b\\0=6a+b\end{cases}$ を解いて，$a=-3$，$b=18$

よって，$y=-3x+18$

32　1次関数の利用 ④

❶ **(1)** D$(11,\ 8)$　**(2)** $y=\dfrac{2}{7}x+2$

❷ **(1)** 直線 OA$\cdots y=2x$

　　直線 AB$\cdots y=-\dfrac{2}{3}x+8$

　(2) 16　**(3)** P$(2,\ 4)$

解き方考え方

❶ **(1)** 点 A の座標は，$y=2x+2$ に $x=3$ を

代入して，$y=2\times3+2=8$ より，A$(3,\ 8)$

よって，AD＝AB＝8 より，点 D の座

標は，$(3+8,\ 8)=(11,\ 8)$

(2) 正方形の面積を 2 等分する直線は，

対角線の交点を通る。交点を F とすると，

F の座標は $(3+4,\ 4)=(7,\ 4)$ になる。

よって，2 点 E$(0,\ 2)$，F$(7,\ 4)$ を通る

直線の式を $y=ax+2$ とすると，$x=7$，

$y=4$ を代入して，$4=7a+2$

$a=\dfrac{2}{7}$　したがって，$y=\dfrac{2}{7}x+2$

❷ **(2)** P$(1,\ 2)$ なので，点 S の y 座標は 2

になる。

よって，$y=-\dfrac{2}{3}x+8$ に $y=2$ を代入し

て，$2=-\dfrac{2}{3}x+8$　$x=9$ より，

S$(9,\ 2)$ となる。

PQ＝2，PS＝$9-1=8$ より，長方形の面

積は，$2\times8=16$

(3) 点 P は $y=2x$ 上の点だから，点 P の

x 座標を t とすると，P$(t,\ 2t)$，Q$(t,\ 0)$

になる。よって，PQ＝$2t$　…①

また，点 P と点 S の y 座標は等しいから，

$y=-\dfrac{2}{3}x+8$ に $y=2t$ を代入して,

$2t=-\dfrac{2}{3}x+8$ $6t=-2x+24$ $x=12-3t$

$PS=(12-3t)-t=12-4t$ …②

長方形 PQRS が正方形になるのは,

$PQ=PS$ のときなので,①,②から,

$2t=12-4t$ $t=2$ これは $0\leqq t\leqq3$ を

満たす。よって,$P(2,4)$

---

33 **まとめテスト ③**

❶ (1) $y=-6x+8$ (2) $y=5x-4$

　　(3) $y=\dfrac{3}{4}x-4$

❷ ① $y=2x-4$ ② $y=-x-2$

　　③ $y=\dfrac{3}{4}x+3$

❸ (1) E $(2,6)$ (2) 46

解き方 考え方

❶ (1) 変化の割合が -6 だから,

$y=-6x+b$ とする。

$x=1$ のとき $y=2$ だから,

$2=-6\times1+b$ $b=8$

(3) 1 次関数を $y=ax+b$ とする。

グラフが 2 点 $(4,-1)$,$(-8,-10)$ を

通るから,$\begin{cases} -1=4a+b \\ -10=-8a+b \end{cases}$

これを解くと,$a=\dfrac{3}{4}$,$b=-4$

別解 変化の割合が

$\dfrac{-1-(-10)}{4-(-8)}=\dfrac{9}{12}=\dfrac{3}{4}$ だから,

$y=\dfrac{3}{4}x+b$ とする。$x=4$ のとき $y=-1$

だから,$-1=3+b$ $b=-4$

❷ それぞれの直線の傾きと切片をグラフか
ら読みとる。

❸ (1) $\begin{cases} y=x+4 \\ y=-\dfrac{1}{2}x+7 \end{cases}$ を解いて,$x=2$,$y=6$

(2) 点 A の x 座標は $y=x+4$ に $y=0$ を
代入して,$0=x+4$ $x=-4$

点 B の x 座標は $y=-\dfrac{1}{2}x+7$ に $y=0$

を代入して,$0=-\dfrac{1}{2}x+7$ $x=14$

点 C は直線 ℓ の切片だから,$C(0,4)$

四角形 $COBE=\triangle EAB-\triangle CAO$ だから,

$\dfrac{1}{2}\times(4+14)\times6-\dfrac{1}{2}\times4\times4=46$

(四角形 $COBE=\triangle OBD-\triangle CDE$ でも
よい。)

別解 点 E から x 軸に垂線 EF をひくと,

四角形 $COBE=$ 台形 $COFE+\triangle EFB$

$=\dfrac{1}{2}\times(4+6)\times2+\dfrac{1}{2}\times12\times6$

$=10+36=46$

▶平行と合同

34 **平行線と角 ①**

❶ (1) $125°$ (2) $75°$

❷ (1) 錯角 (2) 同位角 (3) $\angle e$

　　(4) $\angle h$

❸ (1) $50°$ (2) $65°$

解き方 考え方

❶ 対頂角は等しい。

(2) $\angle x=180°-(35°+70°)=75°$

❸ (1) $\ell\,/\!/\,m$ だから,同位角は等しい。

(2) $\ell\,/\!/\,m$ だから,錯角は等しい。

35 **平行線と角 ②**

❶ $\angle x=110°$,$\angle y=70°$,$\angle z=45°$

❷ (1) $37°$ (2) $115°$ (3) $54°$ (4) $135°$

解き方 考え方

❶ $\ell\,/\!/\,m$ だから,同位角・錯角が等しい
ことを使う。

$\angle y=180°-110°=70°$

❷ (2) 右の図のよ
うに,$95°$ の角の頂
点を通り,ℓ,m
に平行な直線をひ
くと,$\angle x=180°-(95°-30°)=115°$

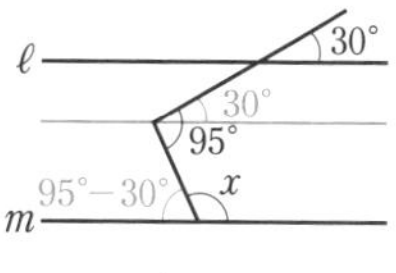

(4) 右の図のように，ℓ，mに平行な直線をひくと，
$\angle y = 180° - (100° - 30°) = 110°$
$\angle x = \angle y + 25° = 110° + 25° = 135°$

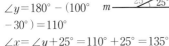

36 多角形の角 ①

❶ **(1)** 39°　**(2)** 94°　**(3)** 34°　**(4)** 115°
　(5) 40°　**(6)** 25°
❷ **(1)** 45°　**(2)** 113°

解き方・考え方

❶ **(1)～(3)** 三角形の内角の和は180°である。
　(4) $\angle x = 60° + 55° = 115°$
　(5) $\angle x + (180° - 75°) = 145°$　$\angle x = 40°$
　別解 $\angle x = 75° - (180° - 145°)$
　　　　　　$= 75° - 35° = 40°$
　(6) $\angle x + 45° + (70° + 40°) = 180°$
　　　　$\angle x = 25°$

❷ **(1)** $52° + 31° = \angle x + 38°$　より，
　　$\angle x = 83° - 38° = 45°$
　(2) 右の図で
　　$\angle CDE = 61° + 22°$
　　　　　　$= 83°$
　　$\angle x = 83° + 30°$
　　　　　$= 113°$

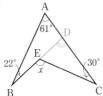

37 多角形の角 ②

❶ **(1)** 1080°　**(2)** 150°　**(3)** 360°　**(4)** 60°
　(5) 10 本　**(6)** 正九角形
❷ **(1)** 110°　**(2)** 52°

解き方・考え方

❶ n 角形の内角の和は $180° \times (n-2)$
　また，多角形の外角の和は 360° である。
　(1) $180° \times (8-2) = 1080°$
　(2) 十二角形の内角の和は，
　　$180° \times (12-2) = 1800°$
　　正十二角形の 1 つの内角は，

$1800° \div 12 = 150°$
　別解 正十二角形の 1 つの外角は，
　$360° \div 12 = 30°$
　よって，1 つの内角は，$180° - 30° = 150°$
(5) 求める n 角形の辺の数は n 本だから，
$180° \times (n-2) = 1440°$　$n-2=8$　$n=10$
❷ **(1)** 五角形の内角の和は，
　$180° \times (5-2) = 540°$
　$\angle x = 540° - (110° + 100° + 125° + 95°)$
　　　　$= 540° - 430° = 110°$
(2) 右の図で，多角形の外角の和は 360° だから，
$\angle x = 360° - (68° + 85° + 65° + 90°) = 360° - 308° = 52°$

38 多角形の角 ③

❶ **(1)** 105°　**(2)** 66°
❷ **(1)** C　**(2)** E　**(3)** B　**(4)** D　**(5)** AFJ
　(6) AJF　**(7)** 180 ((1)と(2)，(3)と(4)，
　(5)と(6)は順不同)
❸ **(1)** 44°　**(2)** 153°

解き方・考え方

❶ **(1)** 右の図で，平行線の錯角は等しいから，
$\angle x = 45° + 60°$
　　　$= 105°$

(2) 正五角形の 1 つの内角は，
$180° \times (5-2) \div 5$
　$= 108°$
点 B を通り，ℓ，m に平行な直線をひくと，$\angle y = 180° - (108° + 30°) = 42°$
$\angle x = 108° - \angle y = 108° - 42° = 66°$

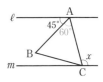

❷ 三角形の外角は，それととなり合わない2つの内角の和に等しい性質を使う。
❸ **(1)** $\angle ABD = \angle CBD = a°$，

∠ACD＝∠BCD＝b° とすると，
△DBC の内角の和は 180° だから，
a°＋b°＋112°＝180°
よって，a°＋b°＝68° …①
①の両辺を 2 倍して，$2a$°＋$2b$°＝136°
△ABC で，∠x＋$2a$°＋$2b$°＝180°
∠x＝180°－136°＝44°

(2) ∠ABE＝a°，∠ADE＝b° とすると，
四角形 ABCD の内角の和は 360° だから，
124°＋$2a$°＋$2b$°＋70°＝360°
$2a$°＋$2b$°＝166° …②
②の両辺を 2 でわって，
a°＋b°＝83° …③
四角形 ABED で，
∠x＋124°＋a°＋b°＝360°
∠x＝360°－(124°＋83°)＝153°
別解 四角形 CBED で，③より，
∠x＝a°＋b°＋70°＝83°＋70°＝153°

---

39 三角形の合同条件

1 △ABC≡△QPR，1 組の辺とその両
端の角がそれぞれ等しい。
△DEF≡△KJL，3 組の辺がそれぞれ
等しい。

2 **(1)** BC＝EF，3 組の辺がそれぞれ等し
い。
∠A＝∠D，2 組の辺とその間の角が
それぞれ等しい。

(2) ① 2 組の辺とその間の角がそれ
ぞれ等しい。
② 1 組の辺とその両端の角がそれぞ
れ等しい。

解き方考え方

1 △QPR において，
∠R＝180°－(30°＋105°)＝45°
だから，△ABC と △QPR は
BC＝PR，∠B＝∠P，∠C＝∠R

2 **(1)** AB＝DE，CA＝FD がわかっている
とき，BC＝EF か ∠A＝∠D のどちら

かがいえれば，合同になる。

---

40 仮定と結論

1 **(1)** 仮定…△ABC≡△DEF
結論…BC＝EF

(2) 仮定…x が 8 の倍数。
結論…x は 2 の倍数。

(3) 仮定…2 つの三角形で，2 組の辺
とその間の角がそれぞれ等しい。
結論…2 つの三角形は合同。

(4) 仮定…2 つの直線で傾きが等しい。
結論…2 つの直線は平行。

2 **(1)** 仮定…AE＝BE，CE＝DE
結論…AC∥DB

(2) △ACE≡△BDE，2 組の辺とその間の
角がそれぞれ等しい。

(3) 錯角が等しければ，2 直線は平行
である。

解き方考え方

1 「p ならば q」という形の文章では，p の
部分が**仮定**，q の部分が**結論**になる。

2 **(2)** △ACE と △BDE において，
仮定から，AE＝BE，CE＝DE
対頂角は等しいから，∠AEC＝∠BED
よって，2 組の辺とその間の角がそれぞ
れ等しいから，△ACE≡△BDE となる。

---

41 合同条件と証明 ①

1 **(1)** CDO **(2)** 錯角 **(3)** OCD
(4) DOC **(5)** 1 組の辺とその両端の
角がそれぞれ等しい

2 △ABC と △DCB において，
仮定より，AB＝DC ……①
AC＝DB ……②
共通の辺だから，BC＝CB ……③
①，②，③より，3 組の辺がそれぞ
れ等しいから，△ABC≡△DCB
よって，∠A＝∠D

解き方考え方

❶ AB∥DC より，錯角が等しいことを利用する。

42　合同条件と証明 ②

❶ (1) 仮定…△ABC と △CDE が正三角形。
　　　結論…AD＝BE
　(2) a　△ABC と △CDE が正三角形
　　　b CE　c BCA　d ECD
　　　e 60　f ∠DCA＝∠ECB
　　　g ２組の辺とその間の角がそれ
　　　ぞれ等しい　h BEC

解き方考え方

❶ (2)「正三角形の３つの辺の長さは等し
　く，３つの角も60°で等しい」ことを利用
　する。また，「等しいものに同じものを
　加えた結果は等しい」こと（等式の性質）
　を利用する。

43　まとめテスト ④

❶ (1) 57°　(2) 65°
❷ 127°
❸ (1) ∠DAC＝∠BAC，
　　　∠DCA＝∠BCA　(2) DA＝BA
　(3) DAC　(4) BCA　(5) AC
　(6) １組の辺とその両端の角がそれぞ
　　れ等しい　(7) ≡　(8) DA

解き方考え方

❶ (1) 右の図のよう
　　に，ℓ，m に平行
　　な直線をひくと，
　　∠x＝20°＋(60°－
　　23°)＝20°＋37°＝57°

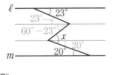

❷ 右の図のように，AE
　を延長し，CD との
　交点を F とする。
　四角形 ABCF の内角
　の和は360°だから，

∠EFC＝360°－(57°＋100°＋110°)＝93°
∠EFD＝180°－93°＝87°
よって，∠x＝87°＋40°＝127°

▶三角形

44　二等辺三角形の性質

❶ (1) 42°　(2) 20°　(3) 70°　(4) 30°
❷ (1) AEB　(2) AB　(3) BE　(4) ABE
　(5) ２組の辺とその間の角がそれぞれ
　等しい

解き方考え方

❶ (3) 180°－125°＝55°
　∠x＝180°－55°×2＝70°
　(4) 180°－60°×2＝60°
　∠x＋∠x＝60°
　∠x＝30°

　別解（∠x＋60°）×2
　＝180°　∠x＋60°＝90°
　∠x＝90°－60°＝30°

45　二等辺三角形になる条件

❶ (1) △ABC において，∠B＝∠C な
　　らば，AB＝AC　正しい。
　(2) a＋b＜10 ならば，a＜5，b＜5
　　正しくない。
❷ (1) ACD　(2) AB＝AC
　(3) AE＝AD
　(4) ∠BAE＝∠CAD
　(5) ２組の辺とその間の角がそれぞれ等
　しい　(6) ACD　(7) ACB　(8) FCB
　((2)と(3)は順不同)

解き方考え方

❶ (2) a＝3，b＝6 のとき，a＋b＜10 であ
　るが，b＜5 ではないので「a＋b＜10 な
　らば，a＜5，b＜5」は正しくない。

46　直角三角形の合同条件

❶ アとオ…斜辺と他の１辺がそれぞれ

等しい。

イと**カ**…斜辺と1つの鋭角がそれぞれ等しい。

2 △ABC と △DBE において，
仮定より，
　∠BCA＝∠BED＝90°……①
　AB＝DB ……②
共通の角だから，
　∠ABC＝∠DBE……③
①，②，③より，直角三角形の斜辺と1つの鋭角がそれぞれ等しいから，
△ABC≡△DBE

解き方**考**え方

1 **ウ**と**エ**は 2cm，5cm の辺の長さが等しいが，**エ**の 5cm の辺は斜辺ではないので，**ウ**と**エ**は合同ではない。

---

47 直角三角形の合同の証明

1 (1) CEA　(2) CEA　(3) CA
　(4) BAD　(5) ABD　(6) CAE
　(7) 直角三角形の斜辺と1つの鋭角
2 △EBC と △DCB において，
仮定より，
　∠BEC＝∠CDB＝90°……①
　CE＝BD ……②
共通の辺だから，BC＝CB ……③
①，②，③より，直角三角形の斜辺と他の1辺がそれぞれ等しいから，
△EBC≡△DCB
よって，∠EBC＝∠DCB
したがって，AB＝AC

解き方**考**え方

2 まず，2つの直角三角形 EBC と DCB の合同を証明し，∠EBC＝∠DCB を導き，△ABC が二等辺三角形になることから，AB＝AC を導く。
　別解 △ABD と △ACE において，
仮定より，BD＝CE……①

　∠BDA＝∠CEA＝90°……②
対頂角は等しいから，
　∠BAD＝∠CAE……③
三角形の内角の和は 180° だから，
②，③より，∠ABD＝∠ACE……④
①，②，④より，1組の辺とその両端の角がそれぞれ等しいから，
△ABD≡△ACE　よって，AB＝AC

---

48 まとめテスト⑤

1 (1) $x=60$，$y=3$　(2) $x=68$，$y=102$
2 (1) △ABD と △EBD において，
仮定より，∠ABD＝∠EBD ……①
　∠BAD＝∠BED＝90° ……②
共通の辺だから，BD＝BD……③
①，②，③より，直角三角形の斜辺と1つの鋭角がそれぞれ等しいから，
△ABD≡△EBD
(2) (1)より，BA＝BE ……④
DA＝DE ……⑤
△ABC は直角二等辺三角形なので，
∠C＝45°
よって，△CDE で∠EDC＝45° となり，△CDE も直角二等辺三角形になるから，DE＝EC ……⑥
したがって，④，⑤，⑥より，
BA＋AD＝BE＋DE＝BE＋EC＝BC

解き方**考**え方

1 (2) ∠BAD＝$a°$ とすると，AC＝BC より，∠B＝∠A＝$2a°$
　$2a°+2a°+44°=180°$　$a°=34°$
よって，$x°=2a°=68°$
　$y°=68°+34°=102°$

▶平行四辺形

49 平行四辺形の性質①

1 △ABO と △CDO において，
仮定より，AB＝CD……①
　∠ABO＝∠CDO……②

∠BAO＝∠DCO……③

①，②，③より，1組の辺とその両端の角がそれぞれ等しいから，

△ABO≡△CDO

よって，AO＝CO，BO＝DO より，平行四辺形の対角線はそれぞれの中点で交わる。

② (1) 12 (2) 9 (3) 65 (4) 115

③ △ABN と △CDM において，平行四辺形の対辺はそれぞれ等しいから，

AB＝CD ……①

また，BC＝AD より，

BN＝$\frac{1}{2}$BC＝$\frac{1}{2}$AD＝DM ……②

平行四辺形の対角はそれぞれ等しいから，∠B＝∠D ……③

①，②，③より，2組の辺とその間の角がそれぞれ等しいから，

△ABN≡△CDM

したがって，AN＝CM

解き方 考え方

① △AOD と △COB の合同を証明してもよい。

② (2) 平行四辺形の対角線はそれぞれの中点で交わるから，

OC＝$\frac{1}{2}$AC＝$\frac{1}{2}$×18＝9(cm)

(4) ∠BAD＋∠ABC＝180° より，

∠BAD＝180°－65°＝115°

③ 平行四辺形の性質を使って，合同な三角形を見つけ出す。

50 平行四辺形の性質 ②

① $x＝10$，$y＝8$，∠$a＝120°$，∠$b＝60°$

② (1) COF (2) 中点 (3) OC (4) BC
(5) 錯角 (6) OCF (7) 対頂角
(8) COF (9) 1組の辺とその両端の角
(10) COF

解き方 考え方

① AB∥PQ，AD∥RS より，

四角形 ARSD，四角形 RBQT，四角形 ARTP などは平行四辺形である。

よって，平行四辺形の性質を使って，

$x＝15－5＝10$，$y＝8$

∠$a＝$∠RAP＝120°

∠$b＝180°－120°＝60°$

② △AOE と △COF の合同を，平行四辺形の性質を用いて証明する。

51 平行四辺形になる条件

① イ，ウ

② (1) D (2) EDF
(3) 錯角 (4) CFD (5) 同位角
(6) DF (7) BF (8) 平行

解き方 考え方

① ア の四角形
ABCD は等脚台形にもなる。

イ ∠A＋∠D＝180°
より，AB∥DC

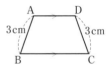

ウ 対角線がそれぞれの中点で交わる。

② ED∥BF だから，EB∥DF を同位角を用いて証明する。

52 特別な平行四辺形

① (1) ひし形 (2) 長方形 (3) 正方形

② (1) 平行 (2) 平行四辺形 (3) 等しい
(4) EBD (5) FBD (6) FBD
(7) FBD (8) 二等辺 (9) FD
(10) 等しい

解き方 考え方

① (2) 対角線の長さが等しい平行四辺形となり，長方形。

(3) となり合う辺が等しく，対角線の長さが等しい平行四辺形は，正方形。

(53) 平行線と面積

❶ △DBP，△APQ，△DPQ，△AQC，△DQC

❷
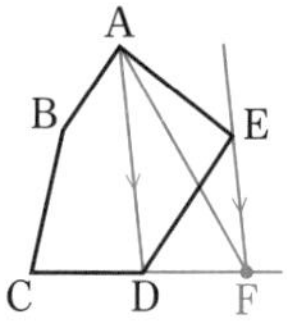

❸
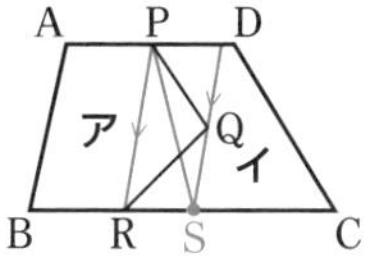

解き方考え方

❷ 点 E を通り，AD に平行な直線をひいて，直線 CD との交点を F とする。
このとき，△EAD＝△FAD となる。

❸ 点 Q を通り，PR に平行な直線をひいて，BC との交点を S とする。このとき，△QPR＝△SPR となる。

(54) まとめテスト ⑥

❶ 平行四辺形の対辺はそれぞれ等しいから，AD＝BC
AD の中点が M，BC の中点が N だから，MD＝BN ……①
また，AD∥BC より，
MD∥BN ……②
①，②より，四角形 MBND は，1 組の対辺が平行で長さが等しいから，平行四辺形である。

❷ (1) ひし形
(2) 長方形

❸
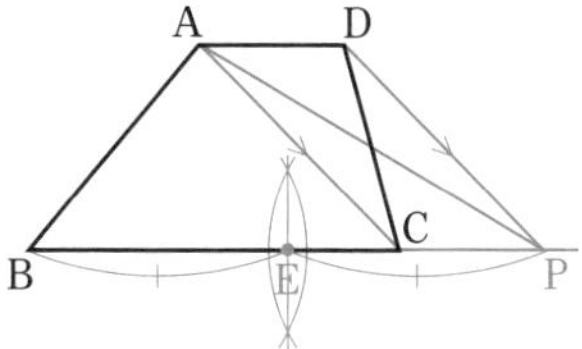

解き方考え方

❷ (2) $BO=\frac{1}{2}AO$ より，
BD＝2BO＝AO＝EF

❸ 点 D を通り，AC に平行な直線をひき，辺 BC の延長線との交点を P とする。
四角形 ABCD＝△ABP となるから，
BP の中点を E とすればよい。

▶データの活用

(55) データの分布

❶ (1)

	数学	英語
第 1 四分位数	37	63
第 2 四分位数	60	77
第 3 四分位数	71	84

(2) 数学…34 点
英語…21 点
(3) 右の図
(4) 数学

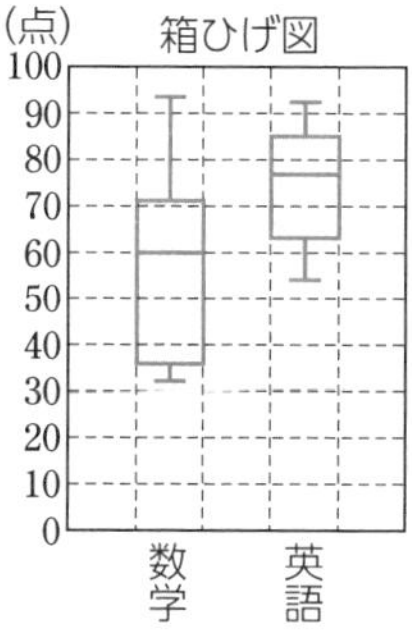

解き方考え方

❶ (1) 11 個の得点（データ）を，大きさの順に並びかえる。数学は下のようになる。

32，32，㊲，48，52，⑥⓪，65，70，
（32〜52：下の組，60：中央値）

⑦①，88，93
（65〜93：上の組）

まず，全体の中央値 60 を求める。この値を境界として，中央値以下の下の組と，中央値以上の上の組に分ける。そし

て，下の組，上の組でそれぞれの中央値
を求める。

このとき，下の組の中央値が第1四分位
数，全体の中央値が第2四分位数，上の
組の中央値が第3四分位数である。

英語のデータも同様にする。

(2) 四分位範囲＝第3四分位数－第1四
分位数である。

よって，数学…71－37＝34（点）

英語…84－63＝21（点）

(4) 箱ひげ図の箱の大きさは，データの
散らばりの度合いを表している。

---

56 確率の求め方 ①

❶ (1) 52通り　(2) 12通り　(3) $\frac{3}{13}$

❷ (1)

表 ─┬─ 表　4通り
　　└─ 裏
裏 ─┬─ 表
　　└─ 裏

(2) $\frac{1}{2}$

解き方 考え方

❶ (2) スペード，クローバー，ダイヤ，ハー
トのどれにも絵札は3枚ずつあるから，
3×4＝12（通り）

(3) $\frac{12}{52}=\frac{3}{13}$

❷ (2) 1枚が表，1枚が裏であるのは，
(表，裏)，(裏，表)の2通りあるから，
確率は $\frac{2}{4}=\frac{1}{2}$

---

57 確率の求め方 ②

❶ (1) $\frac{4}{9}$　(2) $\frac{2}{3}$　(3) $\frac{7}{9}$

❷ (1) $\frac{1}{6}$　(2) $\frac{1}{2}$

❸ $\frac{1}{3}$

解き方 考え方

❷ 当番になる人の組み合わせをすべてあげ
ると，

｛A，B｝｛A，C｝｛A，D｝｛B，C｝
｛B，D｝｛C，D｝

の6通りある。

(1) BとCが当番に選ばれる場合は1通
りだから，確率は $\frac{1}{6}$

(2) Dが当番に選ばれない場合は，下線
の3通りだから，確率は $\frac{3}{6}=\frac{1}{2}$

❸ 3けたの整数は234，243，
324，342，423，432 の6
通り。そのうち，奇数は
2通りだから，
確率は $\frac{2}{6}=\frac{1}{3}$

```
      百 十 一
        3 ── 4
    2 <
        4 ── 3
        2 ── 4
    3 <
        4 ── 2
        2 ── 3
    4 <
        3 ── 2
```

---

58 いろいろな確率 ①

❶ (1) $\frac{1}{9}$　(2) $\frac{2}{9}$　(3) $\frac{7}{9}$

❷ $\frac{7}{10}$

❸ $\frac{3}{10}$

解き方 考え方

❶ 2つのさいころの目の出方は全部で
6×6＝36（通り）

(1) 出る目の数の和が9になるのは，
(3, 6)，(4, 5)，(5, 4)，(6, 3)の4通
りだから，確率は $\frac{4}{36}=\frac{1}{9}$

(2) 出る目の数の差が2になるのは，
(1, 3)，(2, 4)，(3, 5)，(4, 6)，(3, 1)，
(4, 2)，(5, 3)，(6, 4)の8通りだから，
確率は $\frac{8}{36}=\frac{2}{9}$

(3) 出る目の数の積が4以下になるのは，
(1, 1)，(1, 2)，(1, 3)，(1, 4)，(2, 1)，
(2, 2)，(3, 1)，(4, 1)の8通りだから，

4以下にならない確率は $1-\dfrac{8}{36}=\dfrac{7}{9}$

❷ 5本のくじのうち①, ②を当たりくじ, 3, 4, 5をはずれくじとする。

起こりうるすべての場合は,
$5\times4=20$(通り)
2本ともはずれになる場合は, ○印をつけた6通りだから, 少なくとも1本が当たる確率は, $1-\dfrac{6}{20}=\dfrac{14}{20}=\dfrac{7}{10}$

❸ 起こりうるすべての場合は,
$(1, 2), (1, 3), (1, 4), (1, 5), (2, 1),$
$(2, 3), (2, 4), (2, 5), (3, 1), (3, 2),$
$(3, 4), (3, 5), (4, 1), (4, 2), (4, 3),$
$(4, 5), (5, 1), (5, 2), (5, 3), (5, 4)$
の20通り。
数字の積が奇数になる場合は, 2枚とも奇数のカードを取り出す場合で, $(1, 3),$
$(1, 5), (3, 1), (3, 5), (5, 1), (5, 3)$
の6通り。
よって, 求める確率は $\dfrac{6}{20}=\dfrac{3}{10}$

---

59 いろいろな確率 ②

❶ (1) $\dfrac{3}{8}$　(2) $\dfrac{1}{2}$

❷ (1) $\dfrac{2}{5}$　(2) $\dfrac{4}{15}$　(3) $\dfrac{11}{15}$　(4) $\dfrac{4}{5}$

解き方・考え方

❶ 3枚の硬貨を同時に投げるときの表裏の出方を樹形図に表すと,

表 ── 表 ── 表○
　　　　　　　裏○
　　　裏 ── 表○
　　　　　　　裏
裏 ── 表 ── 表○
　　　　　　　裏
　　　裏 ── 表
　　　　　　　裏

全部で, $2\times2\times2=8$(通り)

(1) 2枚は表で, 1枚は裏が出るのは, ○印のついた3通りである。
よって, 求める確率は $\dfrac{3}{8}$

(2) 少なくとも2枚は裏が出るのは, 「3枚とも裏」と, 「2枚は裏で1枚は表」の場合で, 全部で$1+3=4$(通り)ある。
よって, 求める確率は $\dfrac{4}{8}=\dfrac{1}{2}$

❷ 6個の玉に番号をつけて区別する。赤玉を①, ②, ③, 白玉を④, ⑤, 青玉を⑥とする。
玉を2個同時に取り出す場合の数を樹形図に表すと,

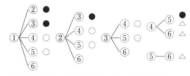

全部で$5+4+3+2+1=15$(通り)

(1) 赤玉が1個, 白玉が1個であるのは,
○印のついた6通りだから,
確率は $\dfrac{6}{15}=\dfrac{2}{5}$

(2) 2個とも同じ色であるのは, ●印のついた4通りだから,
確率は $\dfrac{4}{15}$

(3) 色が異なる確率は, $1-$(同じ色の確率)
$=1-\dfrac{4}{15}=\dfrac{11}{15}$

(4) 2個とも赤玉でないのは, △印のついた3通りだから,
確率は $1-\dfrac{3}{15}=1-\dfrac{1}{5}=\dfrac{4}{5}$

---

60 まとめテスト ⑦

❶ (1) 第1四分位数…62点
　　　第2四分位数…69点
　　　第3四分位数…80点

(2) 四分位範囲…18 点

❷ **(1)** $\dfrac{1}{12}$ **(2)** $\dfrac{1}{6}$

❸ $\dfrac{5}{12}$

解き方 考え方

❶ 10 個のデータを値の小さい順に並びかえると,

$$\underbrace{53,\ 56,\ \overbracket{62},\ 65,}_{\text{下の組}}\ \overbracket{\underset{\uparrow}{67,\ 71}},\ \underbrace{78,\ \overbracket{80},\ 86,\ 95}_{\text{上の組}}(点)$$
平均が中央値

(1) 中央値は，5 番目と 6 番目の平均で
$\dfrac{67+71}{2}=69$（点）
これが第 2 四分位数である。
第 1 四分位数は下の組の中央値で 62 点，
第 3 四分位数は上の組の中央値で 80 点
である。

(2) 四分位範囲＝第 3 四分位数－第 1 四分位数 $\quad80-62=18$（点）

❷ **(2)** 出る目の数の和が 6 になるのは，
$(1,\ 5)$，$(2,\ 4)$，$(3,\ 3)$，$(4,\ 2)$，$(5,\ 1)$
の 5 通り。
出る目の数の和が 12 になるのは，$(6,\ 6)$
の 1 通り。全部で $5+1=6$（通り）だから，
確率は $\dfrac{6}{36}=\dfrac{1}{6}$

❸ 起こりうるすべての場合は，
$(1,\ 2)$，$(1,\ 3)$，$(1,\ 6)$，$(2,\ 1)$，$(2,\ 3)$，
$(2,\ 6)$，$(3,\ 1)$，$(3,\ 2)$，$(3,\ 6)$，$(6,\ 1)$，
$(6,\ 2)$，$(6,\ 3)$の 12 通り。
$\dfrac{q}{p}$ が整数となるのは
$p=1$ のとき，$q=2$，3，6 の 3 通り
$p=2$ のとき，$q=6$ の 1 通り
$p=3$ のとき，$q=6$ の 1 通り
全部で $3+1+1=5$（通り）だから，
確率は $\dfrac{5}{12}$